NussKnacker 2

Mein Mathematikbuch

Herausgeber
Frank Lippmann, Auerbach/Vogtl.

Autoren
Frank Lippmann, Auerbach/Vogtl.
Katja Poser, Chemnitz

Mitautoren
Gudrun Häring, Binnen
Uwe Neißl, Kraichtal
Mirco Redlich, Schiffdorf

Berater
Frithjof Andersen, Leipzig
Silke Kriebel, Thiendorf
Anja Zscheile, Dresden

Ernst Klett Verlag
Stuttgart · Leipzig

Inhalt

■ Zahlen und Operationen ● Größen und Messen ◆ Daten, Häufigkeit und Wahrscheinlichkeit

▲ Raum und Form ▼ Muster und Strukturen

Vorwissen: Was kann ich schon?

Zum Bild Rechengeschichten erzählen. Dabei die 5 Nussknacker-Kinder (Paula, Emma, Fatima, Max und Anton) thematisieren. Dargestellte Aufgaben mündlich oder schriftlich lösen. Jedes Kind bearbeitet auf Seite 4 und 5 gemäß dem individuellen Lernstand ausgewählte Aufgaben.

AH 2 167 – 176

Die einzelnen Bildsituationen thematisieren zurückliegende Lerninhalte und geben zugleich einen Ausblick auf Lerninhalte des zweiten Schuljahres. Die Lehrkraft gewinnt einen Einblick in die individuellen Lernvoraussetzungen.

Addieren bis 20

1 Kontrolliere mit den Lösungszahlen. Eine Zahl bleibt übrig.

a) 5 + 2
4 + 3
7 + 1
3 + 6

7 7 8 8 9

b) 3 + 5
8 + 1
2 + 7
1 + 9

7 8 9 9 10

c) 6 + 2
7 + 0
2 + 3
5 + 4

5 6 7 8 9

d) 4 + 5
3 + 3
9 + 0
6 + 4

0 6 9 9 10

e) 4 + 4
1 + 8
5 + 5
0 + 7

0 7 8 9 10

2 Rechne zuerst die kleine Aufgabe.

5 + 3 = 8
15 + 3 = ▢

15 + 3, 12 + 6, 16 + 1, 12 + 5, 11 + 7
11 + 4, 13 + 2, 19 + 0, 14 + 1
18 + 2, 15 + 4, 13 + 7, 17 + 2

3

a) 7 + ▢ = 10
5 + ▢ = 10
8 + ▢ = 10
3 + ▢ = 10

b) 2 + ▢ = 10
6 + ▢ = 10
1 + ▢ = 10
4 + ▢ = 10

c) 6 + 4 + 2
7 + 3 + 5
8 + 2 + 1
5 + 5 + 3

d) 9 + 1 + 4
5 + 5 + 6
4 + 6 + 3
3 + 7 + 8

4

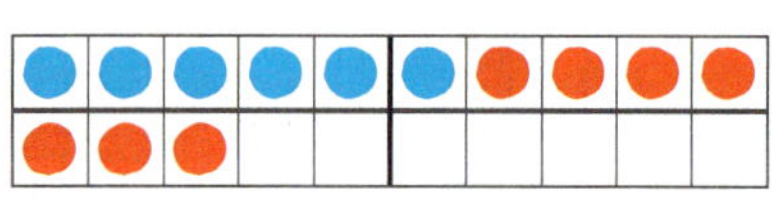

6 + 7

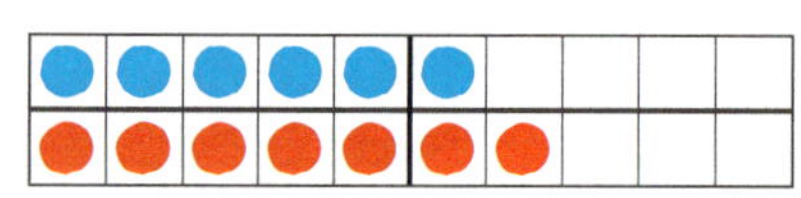

Ich ergänze zuerst zur 10.
6 + 4 = 10
10 + ▢ = ▢

Ich verdopple zuerst.
6 + 6 = 12
12 + ▢ = ▢

Schreibe auf, wie du rechnest.

7 + 9 = ▢
7 + ▢ = ▢

7 + 9, 8 + 4, 5 + 8, 7 + 4
9 + 5, 3 + 9, 9 + 8, 8 + 7

5

a) 9 + 2
7 + 5
6 + 8
4 + 9

11 12 13 13 14

b) 5 + 6
8 + 8
9 + 4
7 + 8

11 12 13 15 16

c) 6 + 9
5 + 7
8 + 3
9 + 7

11 12 13 15 16

d) 23 + 2
21 + 5
22 + 7
24 + 3

25 26 27 28 29

e) 18 + 3
16 + 6
17 + 8
19 + 5

21 22 23 24 25

4 Mit Plättchen legen, Zwanzigerfeld (KV) nutzen. Eigene Lösungswege notieren.

AH 3 KV 1 167–168, 173–174

1 Kontrolliere mit den Lösungszahlen. Eine Zahl bleibt übrig.

a) 5 − 2
7 − 1
6 − 4
9 − 5
2 3 4 5 6

b) 8 − 6
3 − 3
9 − 2
7 − 5
0 2 2 3 7

c) 3 − 2
9 − 4
7 − 3
8 − 2
1 3 4 5 6

d) 5 − 4
6 − 3
8 − 0
10 − 5
0 1 3 5 8

e) 9 − 8
7 − 4
10 − 6
3 − 0
0 1 3 3 4

2 Rechne zuerst die kleine Aufgabe.

17 − 3

7 − 3 = 4
17 − 3 =

14 − 2 | 16 − 2 | 18 − 5

19 − 7 | 12 − 0 | 15 − 3

18 − 7 | 19 − 6 | 14 − 4

20 − 8 | 20 − 7 | 20 − 5

Rund um die 10!

3 a) 14 − ☐ = 10
16 − ☐ = 10
12 − ☐ = 10
17 − ☐ = 10

b) 13 − ☐ = 10
11 − ☐ = 10
18 − ☐ = 10
15 − ☐ = 10

c) 12 − 2 − 4
15 − 5 − 3
18 − 8 − 1
14 − 4 − 2

d) 13 − 3 − 6
16 − 6 − 2
11 − 1 − 8
17 − 7 − 5

4

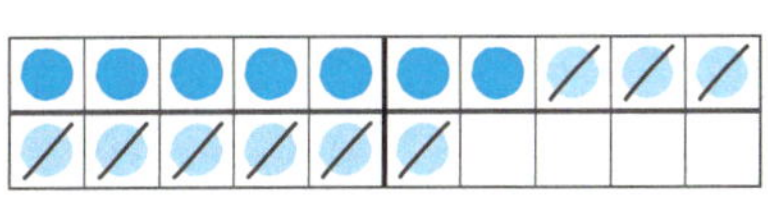

16 − 9

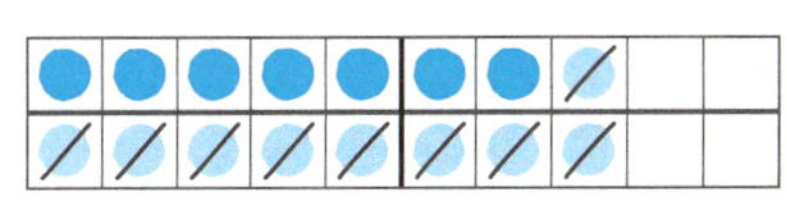

Ich rechne zuerst zurück zur 10.
16 − 6 = 10
10 − ☐ = ☐

Ich halbiere zuerst.
16 − 8 = 8
8 − ☐ = ☐

Schreibe auf, wie du rechnest.

12 − 7 =
12 − ☐ =

12 − 7 | 11 − 4 | 13 − 6 | 15 − 7

14 − 6 | 15 − 9 | 16 − 7 | 12 − 9

5 a) 12 − 4
15 − 6
14 − 7
11 − 9
2 6 7
8 9

b) 13 − 7
18 − 9
11 − 8
12 − 5
3 6 7
8 9

c) 14 − 8
11 − 3
13 − 4
10 − 5
5 6 7
8 9

d) 24 − 3
27 − 2
25 − 1
28 − 5
21 22 23
24 25

e) 21 − 2
23 − 6
22 − 4
24 − 9
15 16 17
18 19

4 Mit Plättchen legen, Zwanzigerfeld (KV) nutzen. Eigene Lösungswege notieren.

Tauschaufgaben, Umkehraufgaben und Aufgabenfamilien

1 Rechne Additionsaufgaben. Schreibe auch die Tauschaufgabe.

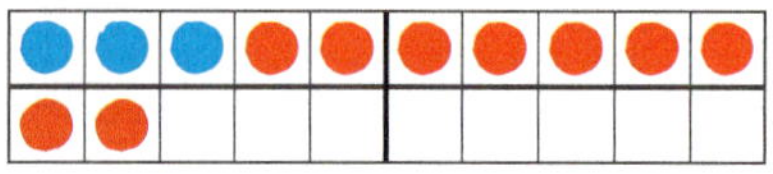

3 + 9 = ▢
9 + 3 = ▢

a)

3	2	10	7
9	6	2	7
5	14	7	0
8	5	12	8

b)

11	9	20	17
4	11	4	6
13	1	2	5
5	19	23	18

2 Rechne Subtraktionsaufgaben. Kontrolliere mit der Umkehraufgabe.

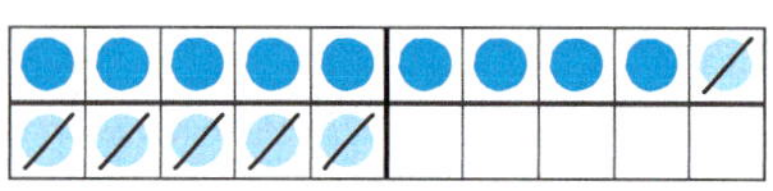

15 − 6 = ▢
9 + 6 = ▢

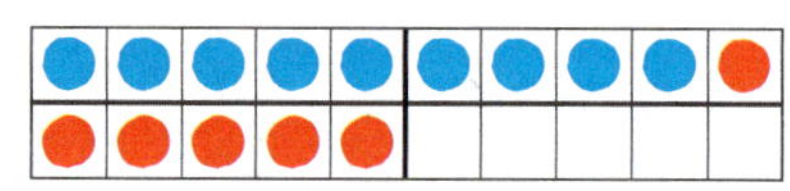

a)

15	10	7	14
6	1	3	9
11	20	18	17
5	3	4	8

b)

12	18	23	21
12	10	1	4
13	15	25	22
9	11	2	5

3 Schreibe Aufgabenfamilien.

12
4 8

4 + 8 = 12
8 + 4 = ▢
12 − 8 = ▢
12 − ▢ = ▢

a) 12; 4, 8
b) 19; 16, 3
c) 16; 5, 11
d) 11; 9, 2
e) 13; 7, 6
f) 9; 1, 8
g) 20; 6, 14
h) 14; 7, 7
i) ▢; 17, 0
j) 15; ▢, 8
k) 7; ▢, 5
l) ▢; ▢, ▢

3 Alle Aufgaben ergeben sich aus den vorgegebenen Zahlen im Dach. Eine Aufgabe reicht aus, um alle Aufgaben einer Famile zu finden.

AH 5 KV 2–3 142–143, 171–172

1

a)

b) oben: ☐ / Mitte: ☐ ☐ / unten: 6 1 4

c) oben: ☐ / Mitte: ☐ ☐ / unten: 8 2 7

d) oben: 15 / Mitte: 6 ☐ / unten: 2 ☐ ☐

e) oben: 20 / Mitte: 12 ☐ / unten: 9 ☐ ☐

f) oben: 14 / Mitte: ☐ 8 / unten: ☐ ☐ 7

g) oben: 18 / Mitte: ☐ 11 / unten: ☐ ☐ 8

h) oben: ☐ / Mitte: 12 6 / unten: ☐ 5 ☐

i) oben: ☐ / Mitte: 8 11 / unten: ☐ 4 ☐

j) oben: 17 / Mitte: ☐ 4 / unten: ☐ 1 ☐

k) oben: 16 / Mitte: 13 ☐ / unten: ☐ 0 ☐

2 Setze zu Rechenmauern zusammen.

a) 9 2 5 6 14 3

b) 2 11 6 4 9 17

c) 3 8 19 12 4 7

d) 20 1 15 17 3 2

e) 1 9 13 18 5 4

f) 11 6 3 9 8 20

3 Setze zu Rechenmauern zusammen. Ein Stein bleibt übrig.

a) 4 13 6 18 1 5 9

b) 12 5 7 15 8 3 20

c) 1 5 16 9 10 6 11

4 Löse durch Probieren.

a) oben: 13 / Mitte: ☐ ☐ / unten: 6 ☐ 5

b) oben: 14 / Mitte: ☐ ☐ / unten: 2 ☐ 6

c) oben: 15 / Mitte: ☐ ☐ / unten: 5 ☐ 2

d) oben: 16 / Mitte: ☐ ☐ / unten: 1 ☐ 3

e) oben: 17 / Mitte: ☐ ☐ / unten: 6 ☐ 5

f) oben: 18 / Mitte: ☐ ☐ / unten: 2 ☐ 10

g) oben: 19 / Mitte: ☐ ☐ / unten: 3 ☐ 6

h) oben: 20 / Mitte: ☐ ☐ / unten: 11 ☐ 1

Pinnwände und Aufgabenrollen

1 Finde möglichst alle passenden Aufgaben.

a)

4	3	7
6	5	9
7	6	11
8	9	13

8

☐ + ☐ = ☐

4 + 3 = 7

b)

8	4	3
10	5	5
13	7	6
15	9	8

8

☐ − ☐ = ☐

8 − 5 = 3

c)

9	4	14
10	5	16
11	6	17
12	7	

mindestens 9

☐ + ☐ = ☐

d)

15	5	8
16	7	9
18	8	10
19	9	11

10

☐ − ☐ = ☐

2 Rechne aus und setze fort.

a)
4 + 1
4 + 2
4 + 3
4 + 4

b)
10 + 3
11 + 3
12 + 3
13 + 3

c)
9 + 2
8 + 3
7 + 4
6 + 5

d)
10 + 2
8 + 4
10 + 3
8 + 5

e)
1 + 1

f)
10 + 5

4 + 1 = 5
4 + 2 = 6
4 + 3 = ☐

g)
20 − 5
19 − 5
18 − 5
17 − 5

h)
11 − 3
12 − 4
13 − 5
14 − 6

i)
12 − 3
14 − 5
12 − 4
14 − 6

k)
13 − 1

l)
15 − 5

1 Möglichst viele Additions- und Subtraktionsaufgaben mit den vorgegebenen Zahlen finden. Die kleine Zahl rechts unten in jeder Pinnwand ist die Anzahl der Lösungen. **2** Aufgabenrollen rechnen und fortsetzen.

AH 7 **KV** 8–9

1

	8	
6	4	2
		7

Immer 12.

a)

	8	
6	4	
		7

Immer **12**.

b)

7	2	
0		
	6	

Immer **12**.

c)

	1	
7		3
2		

Immer **15**.

d)

2		4
6		8

Immer **15**.

e)

4		8
9		1

Immer **15**.

f)

2		10
7		

Immer **18**.

g)

7		3
9		

Immer **18**.

h)

10	6	
5		

Immer **18**.

i)

6		
	8	
	12	

Immer **24**.

j)

		12
6	16	

Immer **24**.

k)

		2
0		16

Immer **24**.

2 In jedem Zauberquadrat ist eine Zahl falsch. Finde den Fehler.

a)

3	9	1
2	4	6
7	0	5

Immer **12**.

b)

4	9	2
3	5	7
0	1	6

Immer **15**.

c)

7	2	9
8	6	4
3	11	5

Immer **18**.

Die Summe der Zahlen in jeder Zeile, Spalte und Diagonale ist gleich. Keine Zahl wird mehrfach verwendet. **1–2** Aufgabenformat ins Heft übertragen oder KV nutzen.

An der See

1

LÖSUNGSSCHRITTE
FÜR SACHAUFGABEN

F	1. FRAGE! Was ist gefragt?
L	2. LÖSE! Wie kannst du die Aufgabe lösen?
A	3. ANTWORTE! Schreibe einen Antwortsatz zur Frage.

2 Sophie kauft:

Wie viel muss Sophie bezahlen?

F: Wie viel muss Sophie bezahlen?
L: 7 € + 6 € = ___ €
A: Sophie muss ___ € bezahlen.

3 Till kauft:

Wie viel muss Till bezahlen?

4 Kiara kauft:

Wie viel muss Kiara bezahlen?

5 Maja hat: Sie kauft:

Wie viel Geld bekommt Maja zurück?

F: Wie viel Geld bekommt Maja zurück?
L: 11 € + 6 € = ___ €
20 € − ___ € = ___ €
A: Maja bekommt ___ € zurück.

6 Jan hat: Er kauft:

Wie viel Geld bekommt Jan zurück?

7 Lilli hat: Sie kauft:

Wie viel Geld bekommt Lilli zurück?

1 Zum Bild erzählen. Lösungsschritte für Sachaufgaben erarbeiten. **2–7** Informationen aus Bild und Text entnehmen. Zu den Rechengeschichten Gleichungen finden und lösen. Lösungswege beschreiben. Hefteintrag bei Sachaufgaben einführen.

AH 9 266

1 Erzähle. Welche Fragen stellst du?

2

Wie viel Geld bekommt Paula zurück?
Wie viel muss Paula bezahlen?

F: Wie viel muss Paula bezahlen?
L: 1 € + 2 € + 3 € = ▢ €
A: Paula muss ▢ € bezahlen.

3

Wie viel kosten die 3 Eis?
Wie alt sind die Kinder zusammen?

4

Wer hat mehr Geld übrig?
Wer muss mehr bezahlen?

5

Für die nächste Fahrt sind schon 5 Gäste auf dem Schiff.

Wie lange dauert die Fahrt?
Wie viele Gäste passen noch auf das Schiff?

6

Bei der letzten Fahrt waren noch 3 Plätze frei.

Wie viele Gäste sind mitgefahren?
Wie alt ist der Kapitän?

7

Beim Klassenausflug sind 18 Kinder und 4 Erwachsene dabei.

Wie viele Kinder kaufen ein Eis?
Passen alle auf das Schiff?
Wann kommt das Schiff an?

8

Erzähle Rechengeschichten.

2–7 Entscheiden, welche Frage jeweils beantwortet werden kann. Diese Frage aufschreiben, lösen und beantworten. **8** Eigene Rechengeschichten erzählen, Fragen finden, lösen und beantworten.

Mit Zehnerzahlen rechnen

1 Zeige Zehnerzahlen am Hunderterfeld. Bilde Aufgaben und rechne.

2

70 + 30 =
100 − 30 =

a) 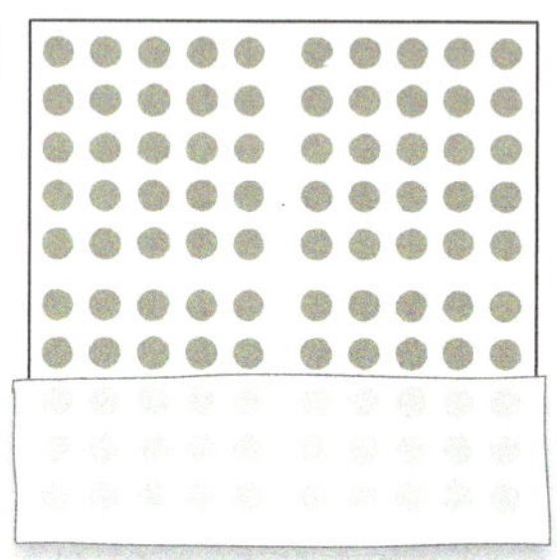
b) 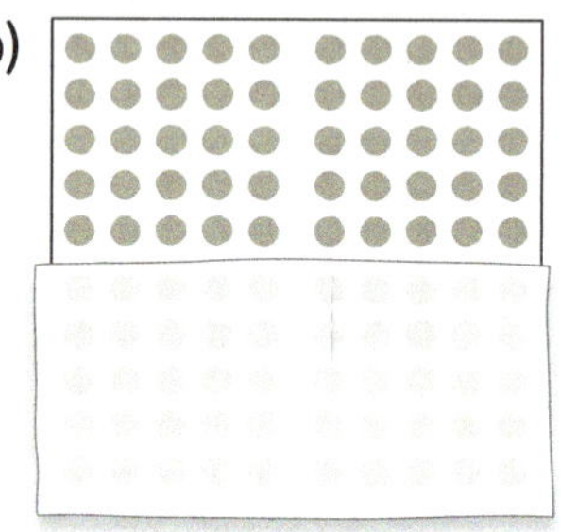
c) 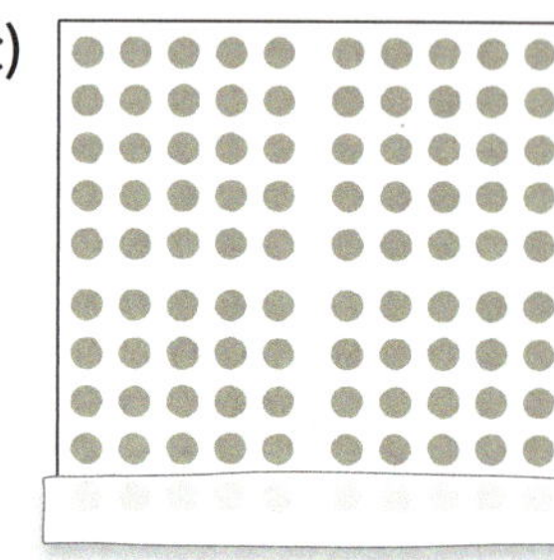
d) 
e) 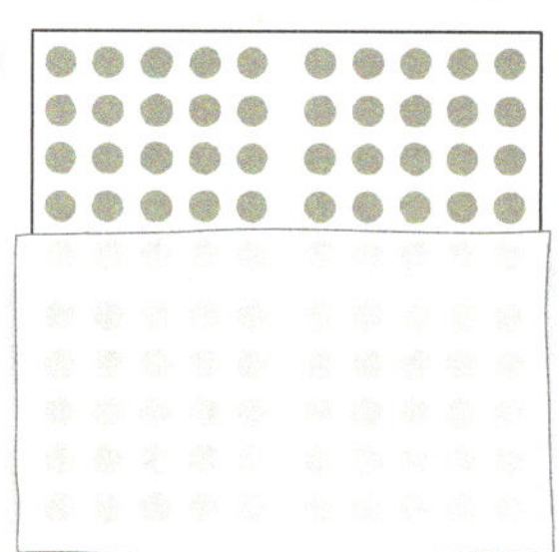
f) 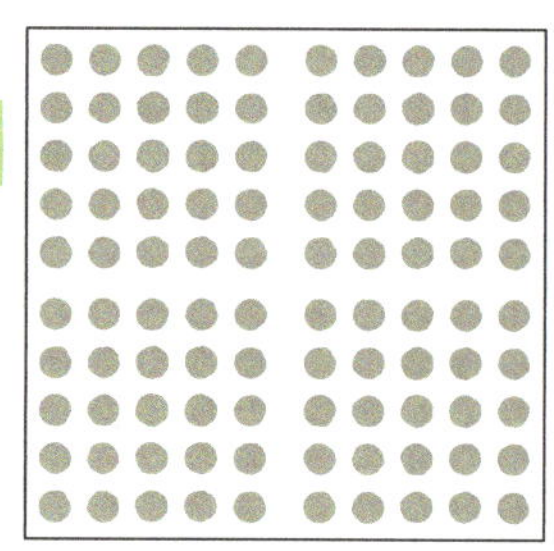
g) 

3

a)
20 + 40
60 + 30
30 + 50
10 + 70
50 + 40

60 60 80
80 90 90

b)
60 + ▢ = 100
30 + ▢ = 80
50 + ▢ = 100
10 + ▢ = 80
30 + ▢ = 100

40 40 50
50 70 70

c)
40 − 10
70 − 20
80 − 70
90 − 60
70 − 60

10 10 30
30 50 50

d)
100 − ▢ = 70
70 − ▢ = 10
100 − ▢ = 60
70 − ▢ = 30
100 − ▢ = 40

30 30 40
40 60 60

4

80
60 20

60 + 20 =
20 + 60 =
80 − 20 =
80 − ▢ =

a) 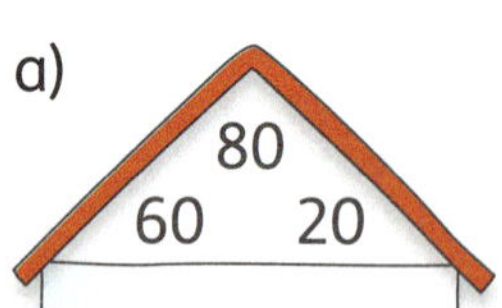

b) 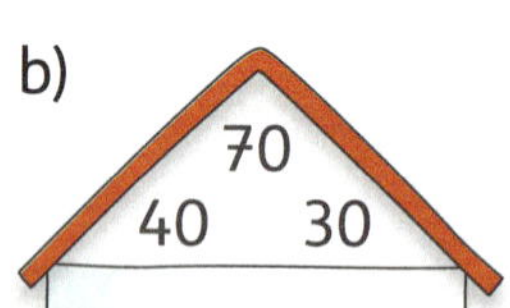

c) 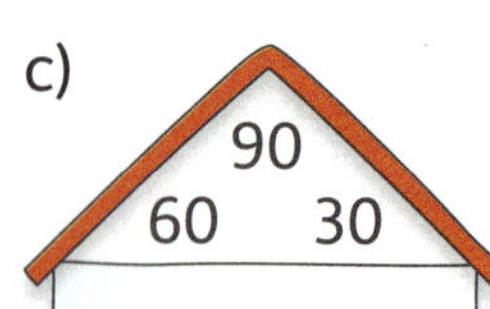

d) 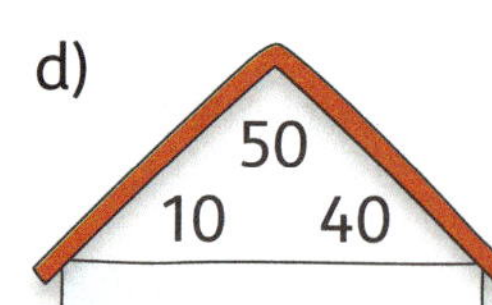

e) 

f) 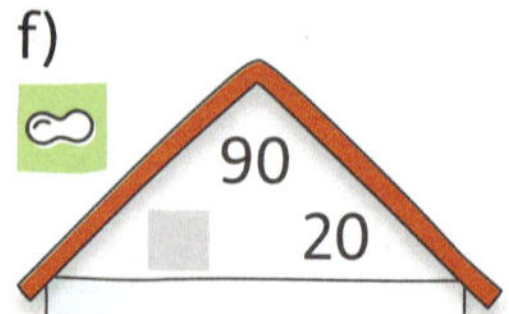

g) 

h) 

1 Hunderterfeld einführen. Aufgaben und Zahlen am Hunderterfeld (Umschlagklappe) finden, zeigen und rechnen. **2** Aufgaben an den dargestellten Hunderterfeldern erkennen,notieren und lösen. **3** Rechnen mit Zehnerzahlen. **4** Aufgabenfamilien bilden.

AH 10 **KV** 2–3, 14–15 82–87, 177–179

1 Beschreibe die Euro-Scheine. Welche Unterschiede gibt es?
Finde heraus, was auf der Rückseite der Scheine dargestellt ist.

2 Wie viel Geld ist es jeweils?

20 € + 10 € =

a) 

b) 

c) 

d) 

e) 

f) 

g) 

3 Lege und rechne.

a) 70 € + ☐ € = 100 €
20 € + ☐ € = 70 €
50 € + ☐ € = 100 €
40 € + ☐ € = 70 €
20 € + ☐ € = 100 €

30 30 50 50 80 80

b) 60 € + ☐ € = 100 €
20 € + ☐ € = 80 €
10 € + ☐ € = 100 €
40 € + ☐ € = 80 €
30 € + ☐ € = 100 €

40 40 60 60 70 90

c) 0 € + ☐ € = 50 €
75 € + ☐ € = 100 €
45 € + ☐ € = 50 €
95 € + ☐ € = 100 €
25 € + ☐ € = 50 €

5 5 25 25 50 50

4 Lege 100 Euro. Finde verschiedene Möglichkeiten.

Betrag				Anzahl Scheine
100 €	I		卌	6
100 €				
100 €				

1 Rechenkonferenz

a) Wie viele Plättchen hat jedes Kind?
Wo konntest du leicht zählen? Begründe.

b) Legt viele Plättchen auf einen Teller.
Schätzt, wie viele es sind. Legt und zählt.
Wer hat am besten geschätzt?

2 Wie viele sind es? Notiere in der Stellenwerttafel.

a)

Zehner	Einer
4	2

Z | E

Z | E

b)

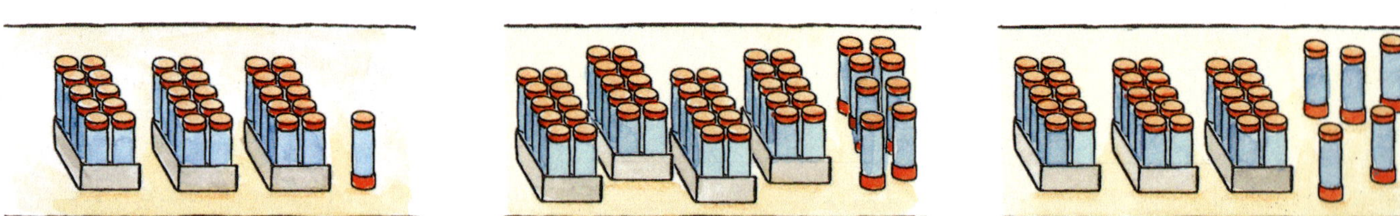

c)

d)

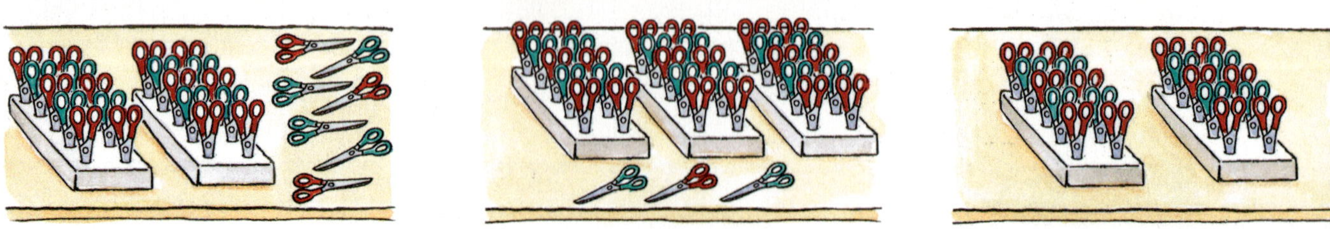

1 Mit Bündelungen Mengen überschaubar darstellen. **2** Bündelungen im Bild erkennen und in die Stellenwerttafel im Heft eintragen.

1

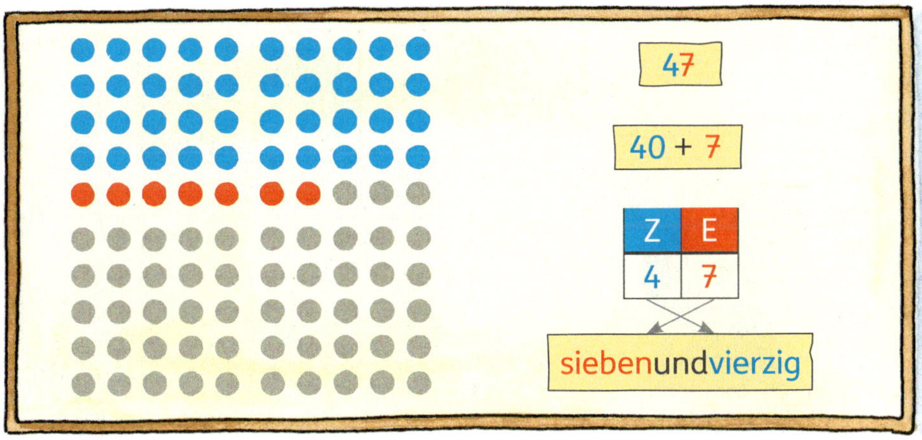

2 Lege auf dem Hunderterfeld.

a) 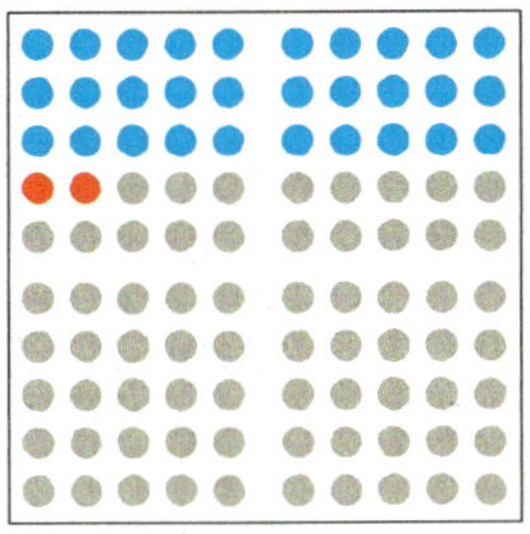

32 = 30 + 2

b) 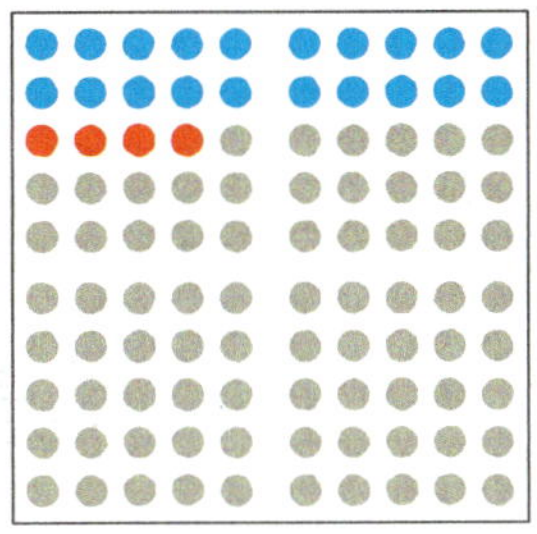

c) 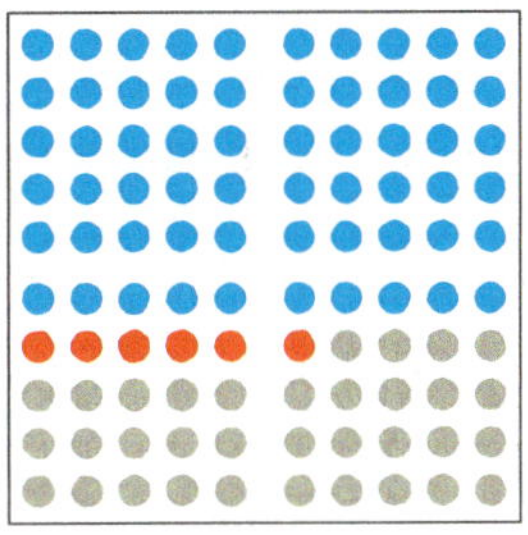

d) 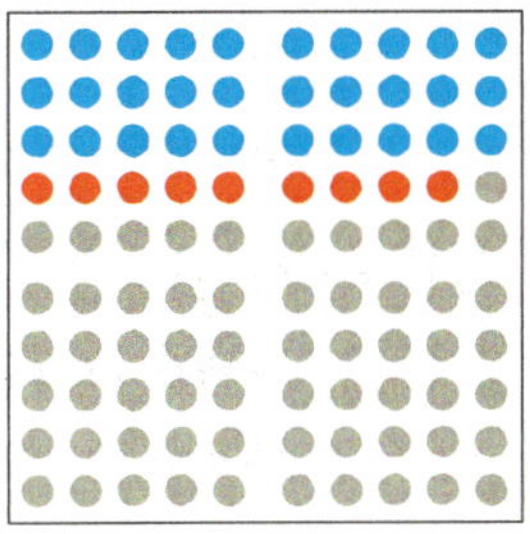

e) 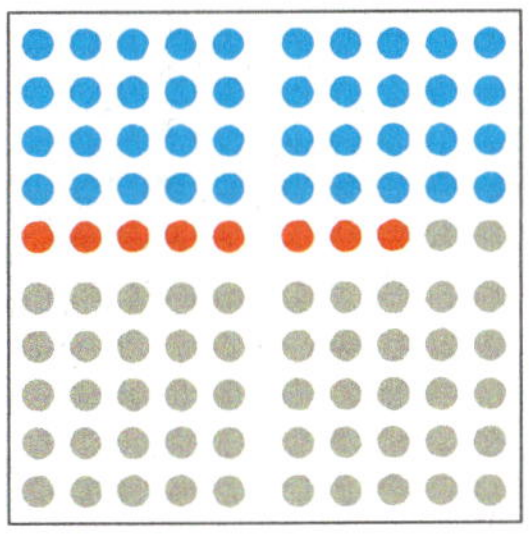

f) 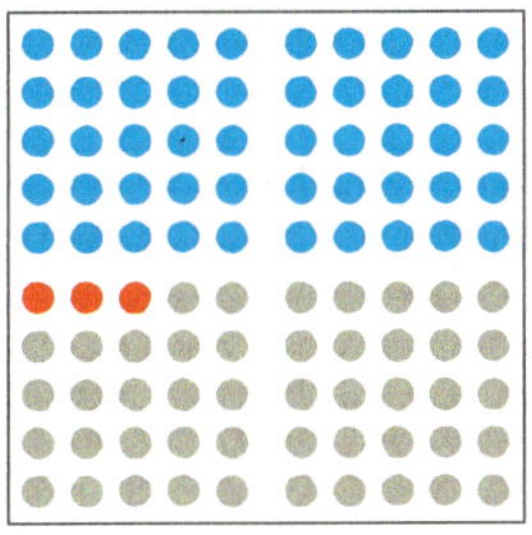

g) 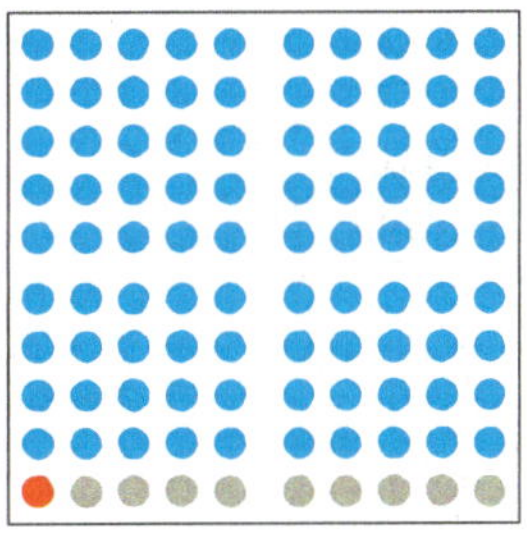

h) 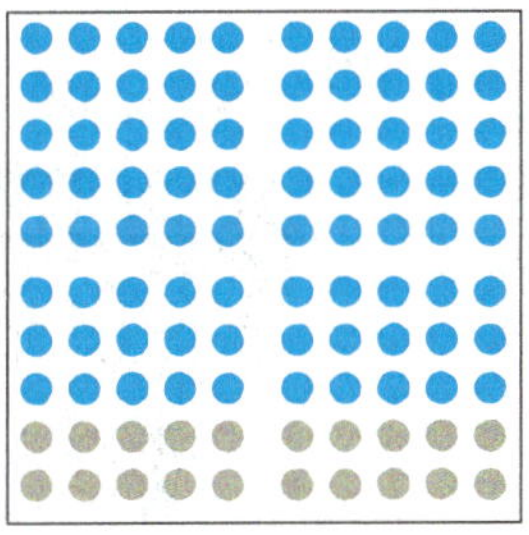

3 Lege auf dem Hunderterfeld.

a)

Z	E
6	1

Z	E
3	5

Z	E
8	0

Z	E
5	8

Z	E
2	7

Z	E
4	9

Z	E
7	2

b) 42 37 28 19 63 76 54 95

4 Lies.
Trage in eine Stellenwerttafel ein.

a) vierundvierzig, achtzehn

b) vierundachtzig, siebenundsiebzig

c) neunundsechzig, sechsundneunzig

d) dreiundneunzig, einundfünfzig

e) sechzig, sieben

5 So sprechen Kinder in anderen Sprachen die Zahl 47.

quarante-sept

forty-seven

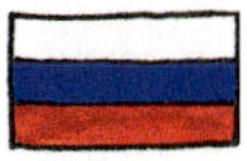

сорок-семь

kırkyedi

Kennst du Zahlen in anderen Sprachen?

1 Die Zahlen bis 100 unterschiedlich darstellen, lesen und schreiben. **2** Den Zusammenhang zwischen Zahl und Hunderterfeld klären. Mit Plättchen und Streifen legen. **5** Zahlwörter in verschiedenen Sprachen kennenlernen.

AH 13 KV 17 – 19

Geheimschrift

1

2 Schreibe die Zahlen in Geheimschrift. Trage sie in eine Stellenwerttafel ein.

a) 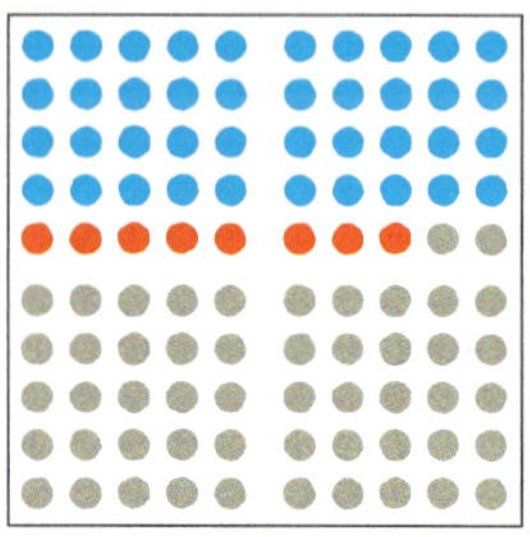

b) 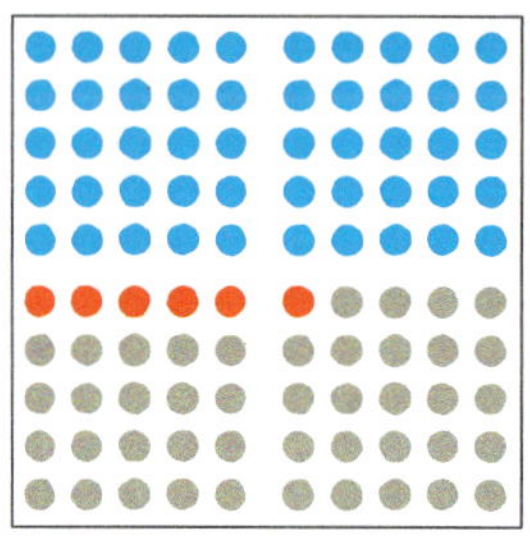

c) 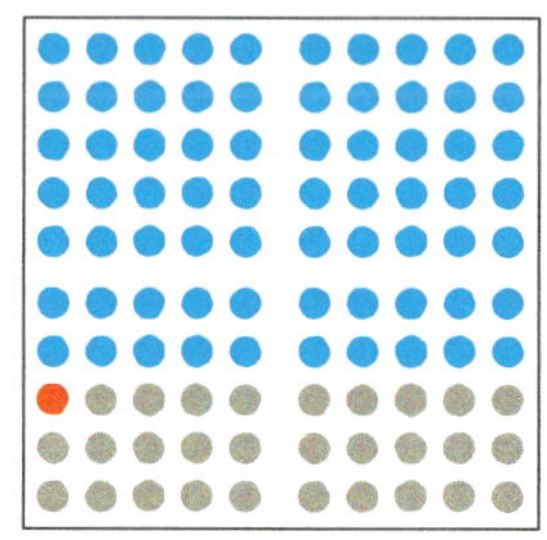

d) 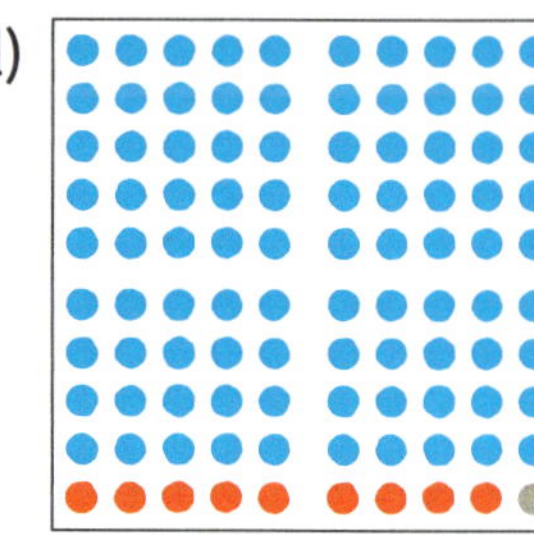

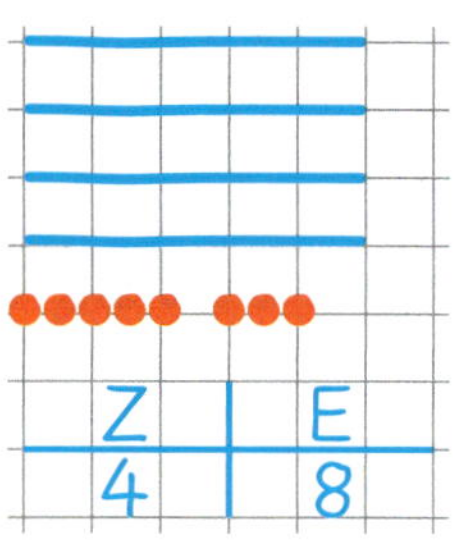

e) 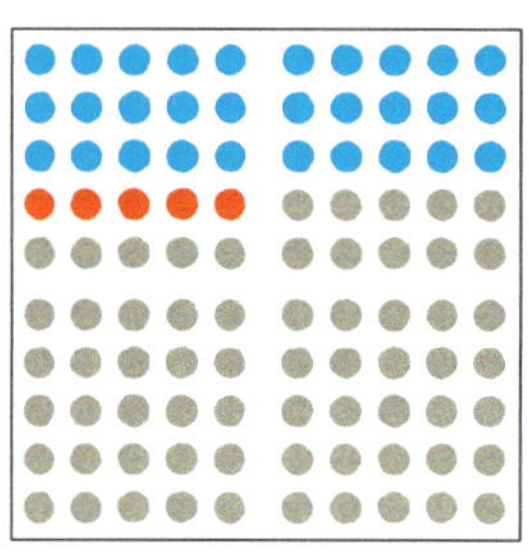

f) 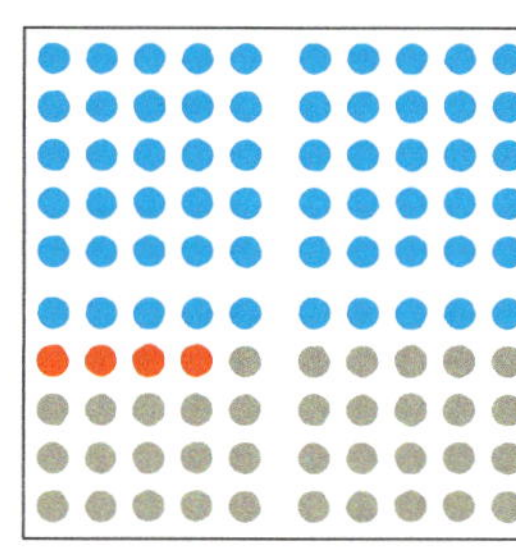

g) 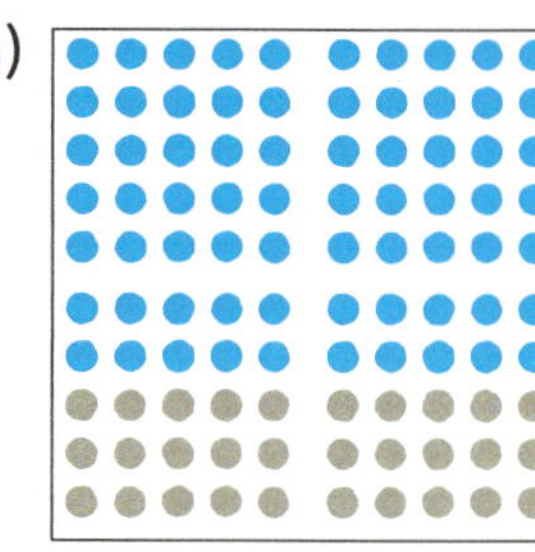

3 Trage die Zahlen in eine Stellenwerttafel ein.

a) 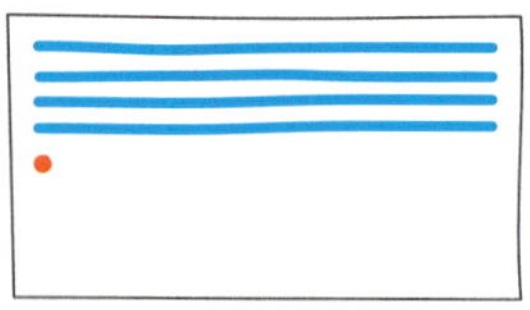

b) 

c) 

d) 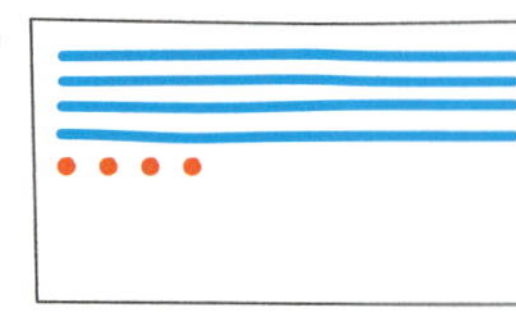

e) 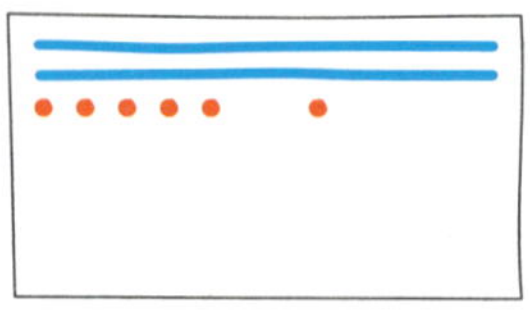

f) 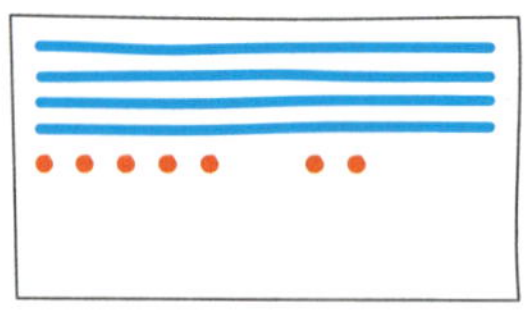

g) 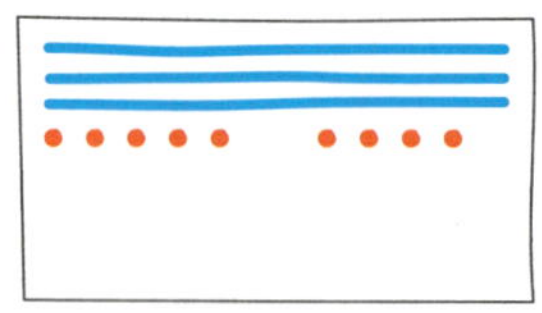

h) 

4 Schreibe in Geheimschrift.

a)

Z	E	Z	E	Z	E	Z	E	Z	E	Z	E	Z	E	Z	E
2	5	4	9	7	3	3	7	5	8	9	6	8	2		5

b) 52 21 74 90 14 69 98 100

1 Das Strich-Punkt-Modell (Geheimschrift) zur Zahldarstellung kennenlernen. **2** Das Schreiben der Geheimschrift im Heft zeigen. Ein Strich ist 5 Kästchen lang. **3** Die Zahlen in einer Stellenwerttafel notieren. **4** Das Schreiben der Geheimschrift im Heft üben.

AH 14 88–91, 99

1

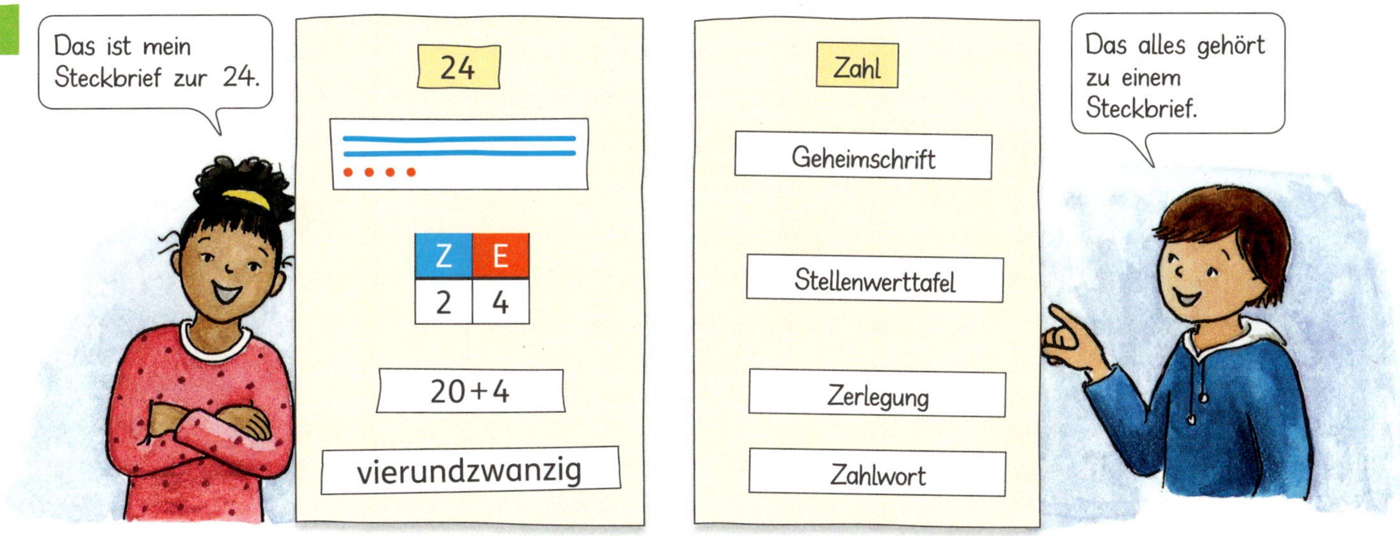

2 Schreibe ab und vervollständige die Steckbriefe.

86		95	
Z E: 8 6	Z E	Z E	Z E
___ + ___	60 + 1	___ + ___	___ + ___
sechsundachtzig			

3 **Steckbriefpuzzle**

Fatima hat 4 Steckbriefe zerschnitten. Erstellt diese 4 Steckbriefe.
Ergänzt dabei die fehlenden Angaben.

zwölf

Z	E
9	9

neunundneunzig

40 + 5

dreiundzwanzig

90 + 9

45

20 + 3

fünfundvierzig

Z	E
1	2

10 + 2

Z	E
2	3

99

Hundertertafel

1

1	2	3	4	5	6	7	8	9	10
11	12	13	14	15	16	17	18	19	20
21	22	23	24	25	26	27	28	29	30
31	32	33	34	35	36	37	38	39	40
41	42	43	44	45	46	47	48	49	50
51	52	53	54	55	56	57	58	59	60
61	62	63	64	65	66	67	68	69	70
71	72	73	74	75	76	77	78	79	80
81	82	83	84	85	86	87	88	89	90
91	92	93	94	95	96	97	98	99	100

a) Zeige alle Zahlen von 56 bis 65.

b) Zeige alle Zahlen von 48 bis 39.

c) Zeige folgende Zahlen: 6, 13, 34, 49, 58, 67, 98.

d) Zeige alle Zehnerzahlen.

e) Zeige alle Zahlen mit 7 Einern.

f) Zeige alle Zahlen mit 9 Zehnern.

g) Zeige alle Zahlen der 4. Spalte.

h) Zeige alle Zahlen in der 7. Zeile.

i) Welche Zahlen liegen zwischen 60 und 78?

j) Welche Zahlen liegen um die 69?

k) Welche Zahlen liegen um die 84?

l) Stellt euch eigene Aufgaben.

2 Schreibe die verdeckten Zahlen auf.

a)

1	2	3	4	5	6	7	●	9	10
11	12	13	14	15	16	17	●	19	20
21	22	23	24	25	26	27	●	29	30
31	32	33	34	35	36	37	●	39	40
41	42	43	44	45	46	47	●	49	50
51	52	53	54	55	56	57	●	59	60
61	62	63	64	65	66	67	●	69	70
71	72	73	74	75	76	77	●	79	80
●	●	●	●	●	●	●	●	●	●
91	92	93	94	95	96	97	●	99	100

b)

1	2	●	4	5	6	7	8	9	●
11	●	●	●	15	16	17	18	●	20
21	22	●	24	25	26	27	●	29	30
31	32	33	34	35	36	●	38	39	40
41	42	43	44	45	●	47	48	49	50
51	52	53	54	●	56	57	58	59	60
61	62	63	●	65	66	67	68	69	70
71	72	●	74	75	76	77	●	79	80
81	●	83	84	85	86	●	●	●	90
●	92	93	94	95	96	97	●	99	100

c)

●	2	●	4	5	●	7	8	●	10
11	●	13	14	15	16	●	●	19	20
●	22	●	24	25	26	●	●	29	30
31	32	33	34	35	●	37	38	●	40
41	42	43	44	45	46	47	48	49	50
51	52	●	●	55	56	57	●	●	60
61	●	63	64	●	66	●	68	69	●
71	●	73	74	●	76	77	●	●	80
81	82	●	●	85	86	87	88	89	90
91	92	93	94	95	96	97	98	99	100

3 Lege auf der Hundertertafel.

a) Alle Zahlen, bei denen der Einer so groß ist wie der Zehner.

b) Alle Zahlen, bei denen der Einer doppelt so groß ist wie der Zehner.

c) Alle Zahlen, bei denen der Zehner doppelt so groß ist wie der Einer.

d) Lege 9, 18, 29, 38, 49, 58, ...

Was fällt dir auf?

1 Zahlen an der Hundertertafel finden. Die Begriffe „Zeile" und „Spalte" kennenlernen. **2** Die verdeckten Zahlen bestimmen und eigene Muster erfinden. **3** Zahlen auf der Hundertertafel mit Plättchen nachlegen und kontrollieren.

AH 16 **KV** 23–25 94–95, 99–104

1

2 Welche Zahlen fehlen in den gelben Feldern? Wie rechnest du, um sie zu erreichen?

a)

	64	

b)

	12	

c)

	17	

d)

	34	

e)

	88	

	54	
63,	64,	65
	74	

f)

	16	

g)

	25	

h)

	42	

i)

	78	

3 Springe vom grünen zum gelben Feld. Auf welcher Zahl landest du?
Beschreibe deinen Weg.

a)

52		

b)

38		

c)

	27	

d)

		14

e)

12		

f)

73		

g)

88		

h)

		45

4 Nutze deine Hundertertafel auf dem Umschlag.
Starte bei 45.

a) Springe immer 2 Felder weit.
Lege rote Plättchen.

b) Springe jetzt immer 3 Felder weit.
Lege blaue Plättchen.

c) Springe jetzt 4 Felder weit.
Lege nun erneut rote Plättchen.

1	2	3	4	5	6	7	8	9	10
11	12	13	14	●	16	17	18	19	20
21	22	23	24	●	26	27	28	29	30
31	32	33	34	35	●	37	38	39	40
41	42	43	44	45	46	●	48	49	50
51	52	53	54	55	56	57	58	59	60
61	62	63	64	65	66	67	68	69	70
71	72	73	74	75	76	77	78	79	80

1 Hundertertafel: Prinzip Zehner- und Einerschritt klären. **2** Übungen zu Ausschnitten auf der Hundertertafel. **3–4** Zielzahl ermitteln.

AH 17 **KV** 26–28 96–97, 103–105

Zahlenstrahl

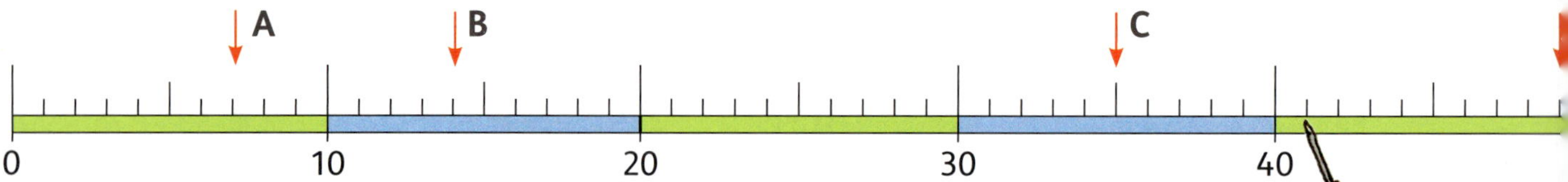

1 a) Zeige am Zahlenstrahl alle Zehnerzahlen.

b) Zeige die Mitte zwischen 0 und 100.

c) Auf welche Zahlen zeigen die roten Pfeile? A → 7

d) Zeige am Zahlenstrahl 13, 28, 41, 57, 74, 89, 95, 102.

e) Zeige eigene Zahlen.

2 Zähle in Einerschritten und notiere.

a) vorwärts
von 24 bis 29
von 36 bis 41
von 61 bis 66
von 48 bis 53

b) rückwärts
von 28 bis 23
von 52 bis 47
von 86 bis 81
von 63 bis 58

3 Zähle in Zehnerschritten und notiere.

a) vorwärts
von 23 bis 73
von 37 bis 87
von 15 bis 65
von 39 bis 99

b) rückwärts
von 62 bis 12
von 98 bis 48
von 74 bis 24
von 81 bis 31

4 Auf welche Zahlen zeigen die roten Pfeile? Schreibe sie auf.

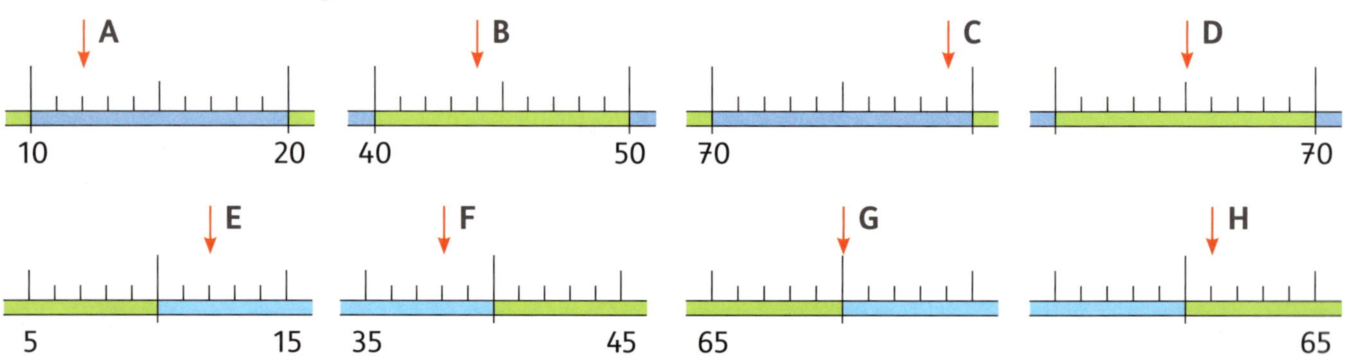

5 Auf welche Zahlen zeigen die roten Pfeile? Schreibe sie auf.

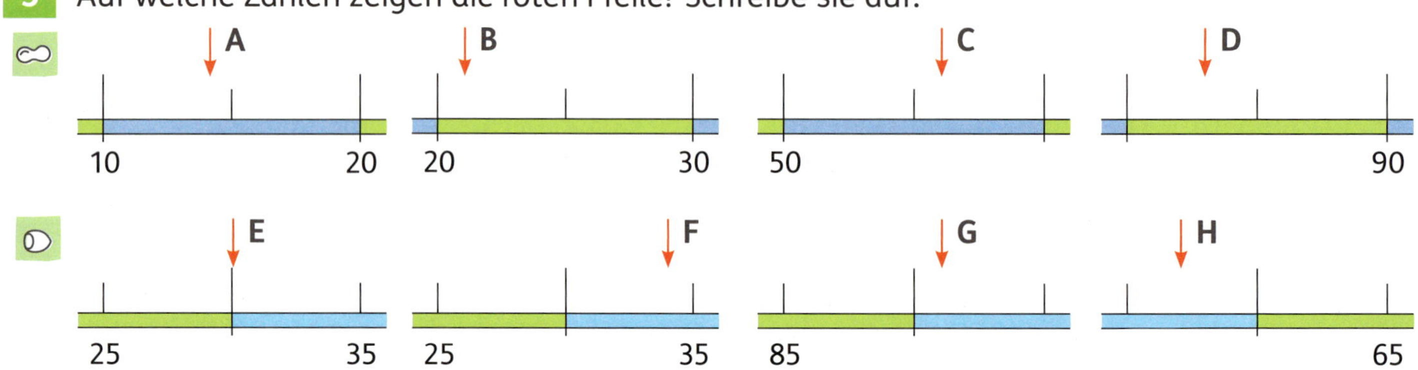

1 Zahlenstrahl einführen. Zahlen zeigen und bestimmen. **2–3** Zählen, Zahlen im Heft notieren. **4–5** Zahlen am Zahlenstrahl bestimmen.

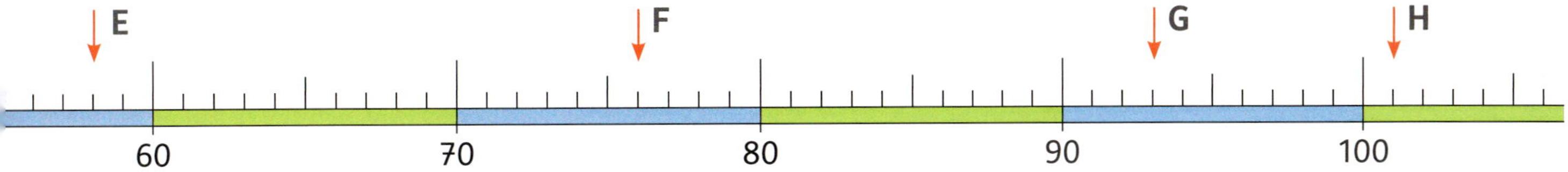

6 a) Gib Vorgänger (V) und Nachfolger (N) an.

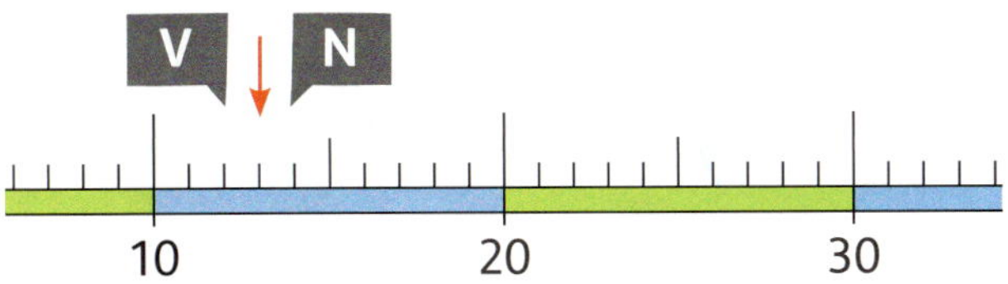

b) Wie heißen die Nachbarzehner (NZ)?

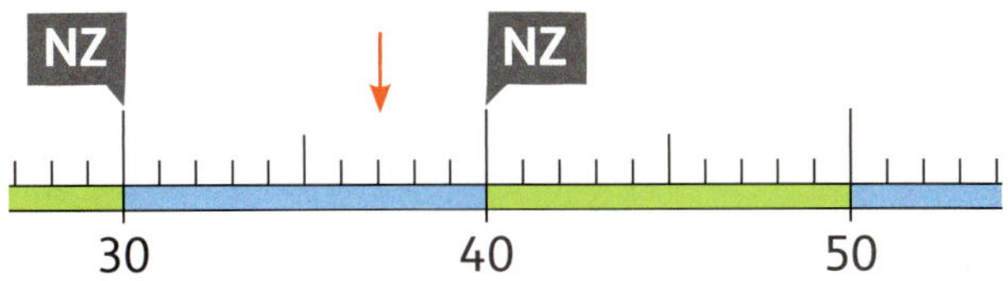

V	↓	N
12	13	14
	23	
	51	
	76	
	95	

V	↓	N
48		
		61
89		
		31
70		

NZ	↓	NZ
30	37	40
	47	
	62	
	79	
	55	

NZ	↓	NZ
30		
		80
50		
		20
90		

7 Setze <, > oder = ein.

a) 12 < 22
67 ◯ 33
48 ◯ 95
84 ◯ 51
73 ◯ 69

b) 24 ◯ 42
98 ◯ 89
56 ◯ 65
71 ◯ 17
35 ◯ 35

c) 100 ◯ 10
46 ◯ 27
39 ◯ 32
91 ◯ 59
63 ◯ 68

d) 15 ◯ 50
74 ◯ 74
96 ◯ 26
53 ◯ 19
44 ◯ 87

e) 80 ◯ 8
6 ◯ 66
57 ◯ 93
85 ◯ 85
78 ◯ 82

8 Ordne nach der Größe. Beginne mit der kleinsten Zahl.

a) 83 27 11 34 46

11, 27, ...

b) 29 5 72 99 40

c) 41 54 1 14 45

d) 97 18 76 37 88

9 Löse die Zahlenrätsel.

Max
Der Vorgänger meiner Zahl heißt 52.

Cora
Der Nachfolger meiner Zahl heißt 100.

Paula
Meine Zahl liegt in der Mitte zwischen 78 und 82.

Lilli
Meine Zahl liegt zwischen 77 und 90. Sie hat keine 8.

Sophie
Meine Zahl hat 6 Zehner. Der Zehner ist doppelt so groß wie der Einer.

Luka
Meine Zahl hat 8 Einer und halb so viele Zehner.

Ben
Bei meiner Zahl ist der Einer größer als 8. Der Zehner ist 5.

6 Vorgänger, Nachfolger und Nachbarzehner angeben. Erkennen, dass bei gegebenem Nachbarzehner verschiedene Lösungen möglich sind.

AH 19 KV 31 98, 101, 106–111

Vorwissen: Was kann ich schon?

1 Finde das richtige Spiegelbild. Begründe.

2 Wie viele Dreiecke siehst du?

3 Wie viele Quadrate siehst du?

Die Aufgaben auf Seite 24 und 25 thematisieren zurückliegende Lerninhalte und geben zugleich einen Ausblick auf Lerninhalte des zweiten Schuljahres. Die Lehrkraft gewinnt einen Einblick in die individuellen Lernvoraussetzungen. **1** Das richtige Spiegelbild zur Ausgangsfigur finden und Zuordnung begründen. **2–3** Große und kleine Dreiecke (Quadrate) erkennen, jeweilige Anzahl angeben. **AH** 20 308 – 311, 313

4 Wie viele Körper sind es?

5 Welches Gebäude passt zu welchem Bauplan? Begründe.

4 Geometrische Körper (Kugel, Würfel, Quader, Zylinder) erkennen und unterscheiden, jeweilige Anzahl ermitteln. **5** Baupläne A bis D den Würfelgebäuden 1 bis 4 zuordnen und Zuordnungen begründen.

Figuren legen

Lege die Figuren. Finde unterschiedliche Möglichkeiten. Notiere.

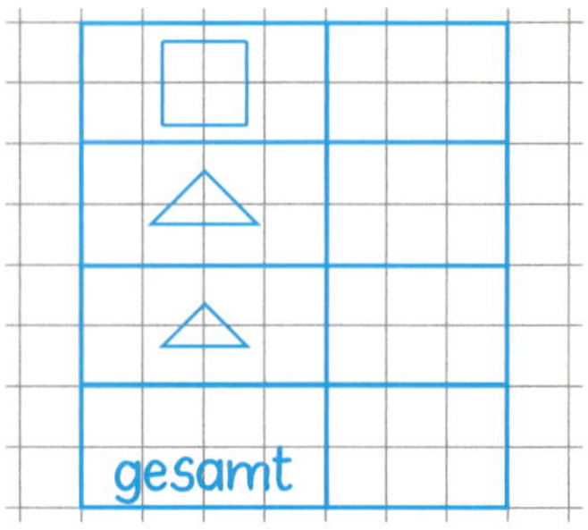

1–4 Die großen Figuren mit Geo-Plättchen auslegen und die Anzahl der gelegten Formen jeweils in einer Tabelle notieren. Tabellen ins Heft zeichnen oder KV nutzen. Es gibt für jede Figur unterschiedliche Möglichkeiten.

AH 21 **KV** 32–40

A–D Die verkleinerten Figuren am Horizont (Schiffe) mit Geo-Plättchen nachlegen und die Anzahl der gelegten Formen in einer Tabelle notieren. Tabellen ins Heft zeichnen oder KV nutzen. Es gibt für jede Figur unterschiedliche Möglichkeiten.

Muster legen

1

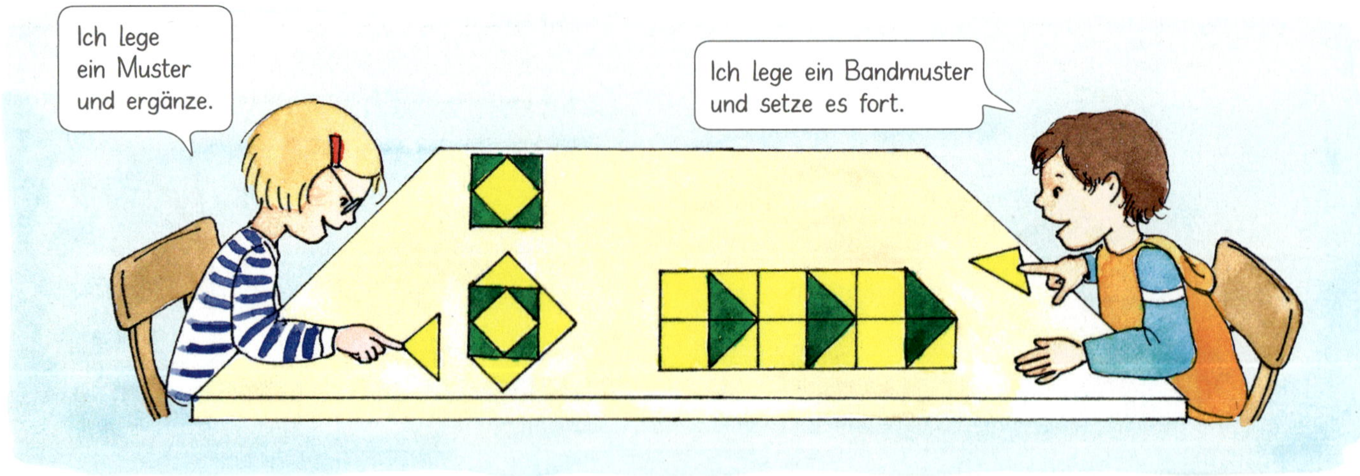

2 Lege die Muster und ergänze.

a)
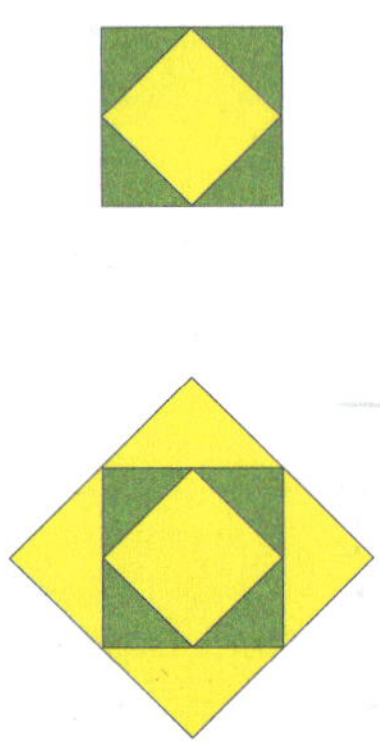

b)
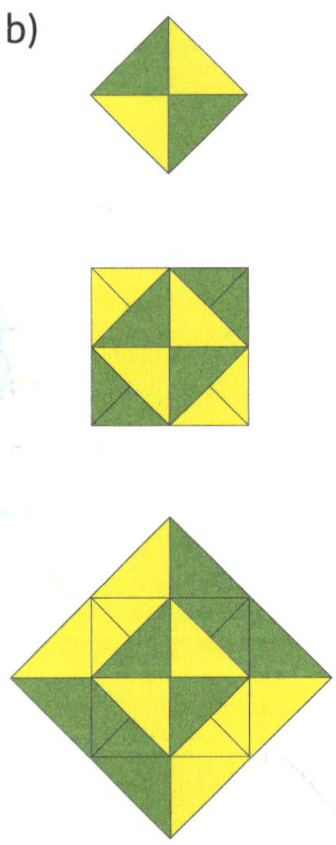

c)
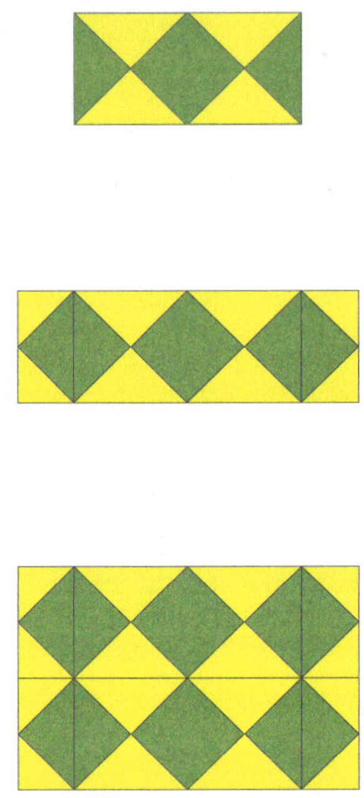

d)

3 Legt die Bandmuster. Setzt sie fort.

a)
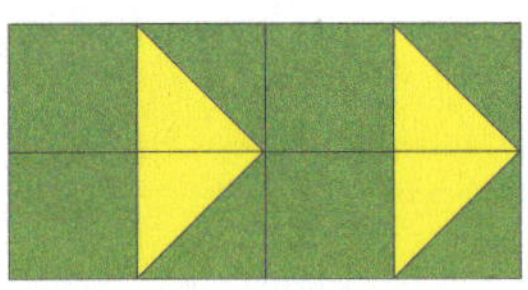

b)
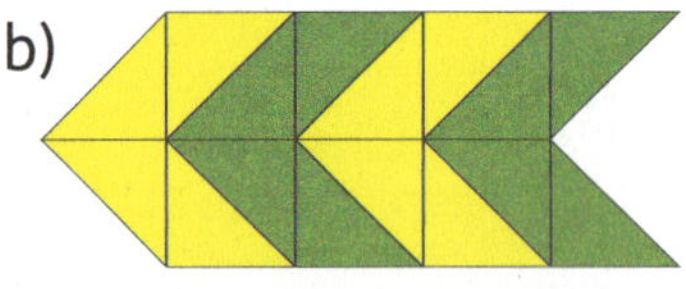

c)

d)
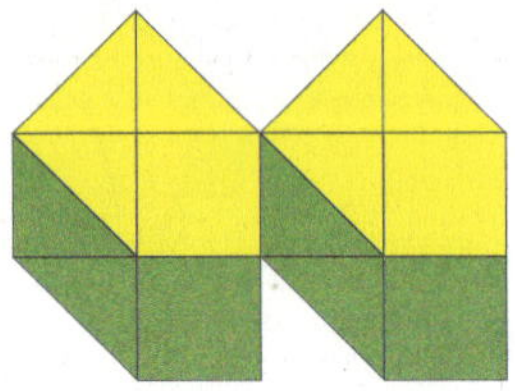

e)

f)
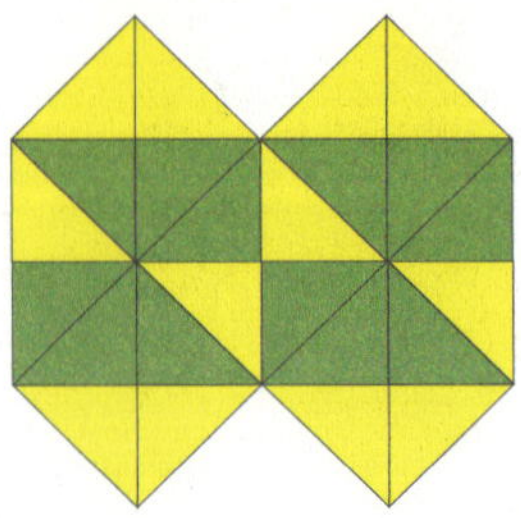

1–3 Muster nach Vorgabe legen. Legeregeln der Muster erkennen und beschreiben. Muster- bzw. Bandmuster gemäß den Legeregeln fortsetzen.

358–361

1

2 Zeichne Muster.

a)

b)

c)

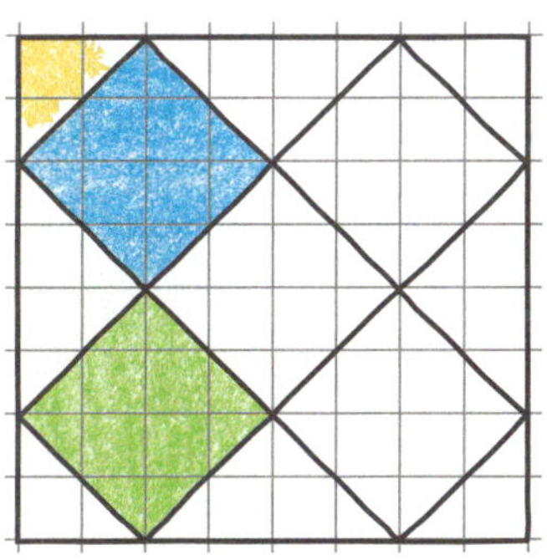

d)

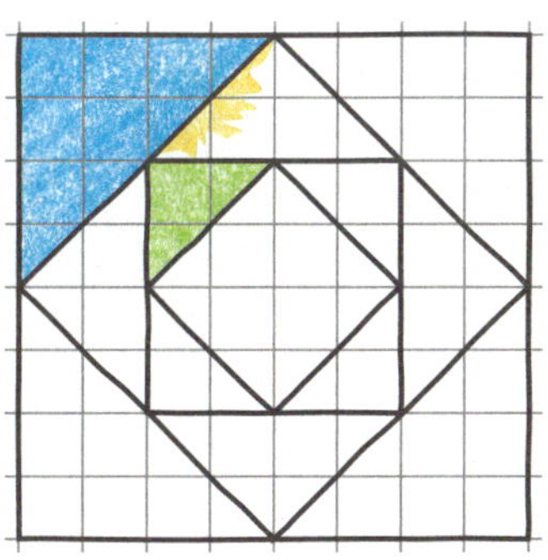

3 Zeichne Bandmuster. Setze sie fort.

a)

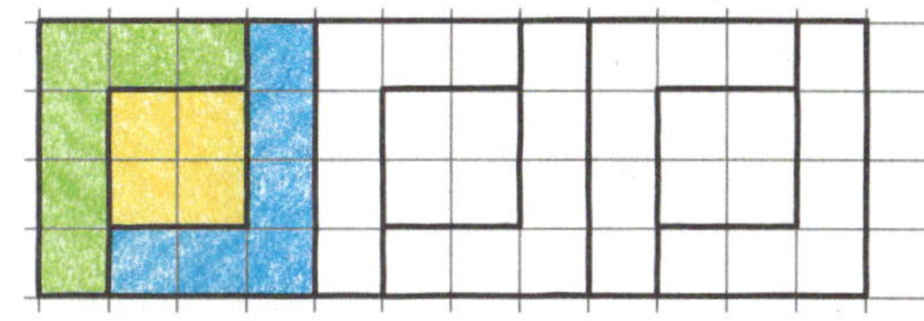

b)

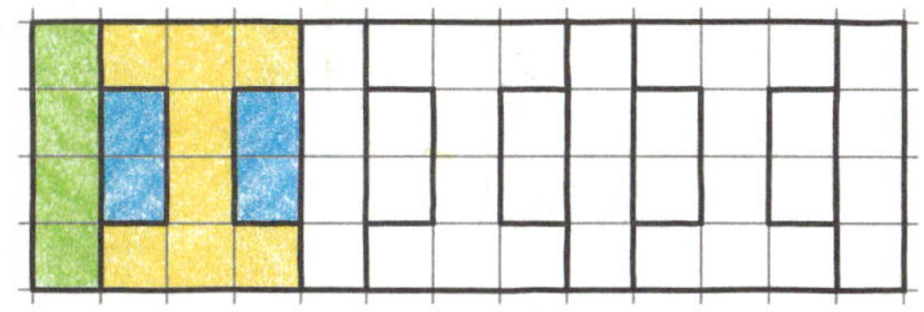

c)

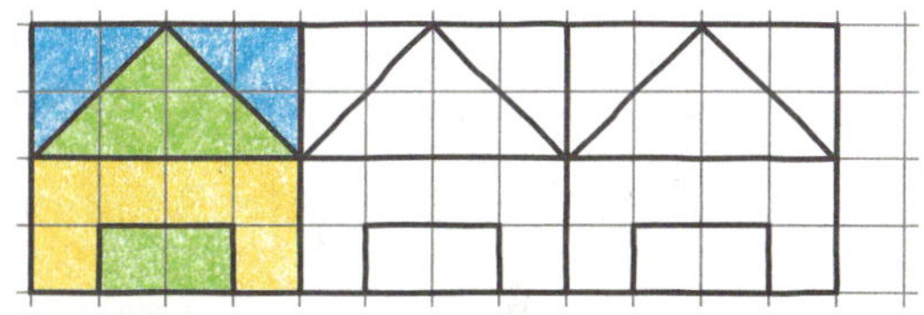

d)

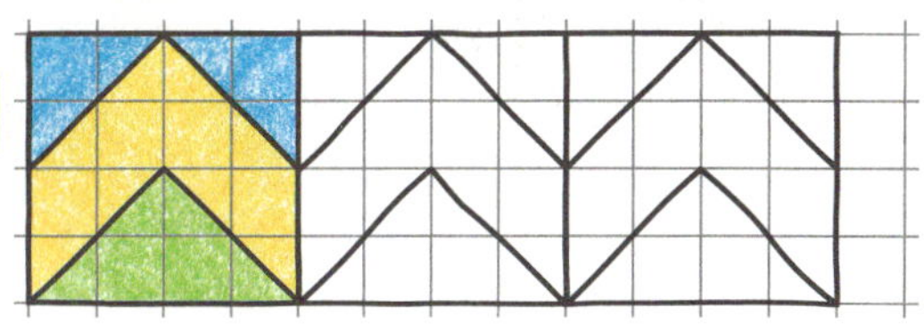

4 Zeichne Muster und setze sie in alle Richtungen fort.

a)

b)

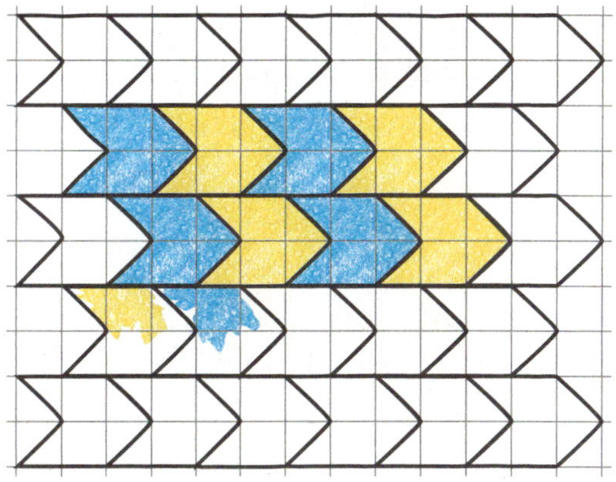

1–4 Freihand oder mit dem Lineal vorgegebene Muster ins Heft übertragen und färben, Gesetzmäßigkeiten beschreiben. Muster regelmäßig fortsetzen. Weitere Muster erfinden, evtl. gleiche Muster durch unterschiedliche Farbgestaltung variieren.

1

19

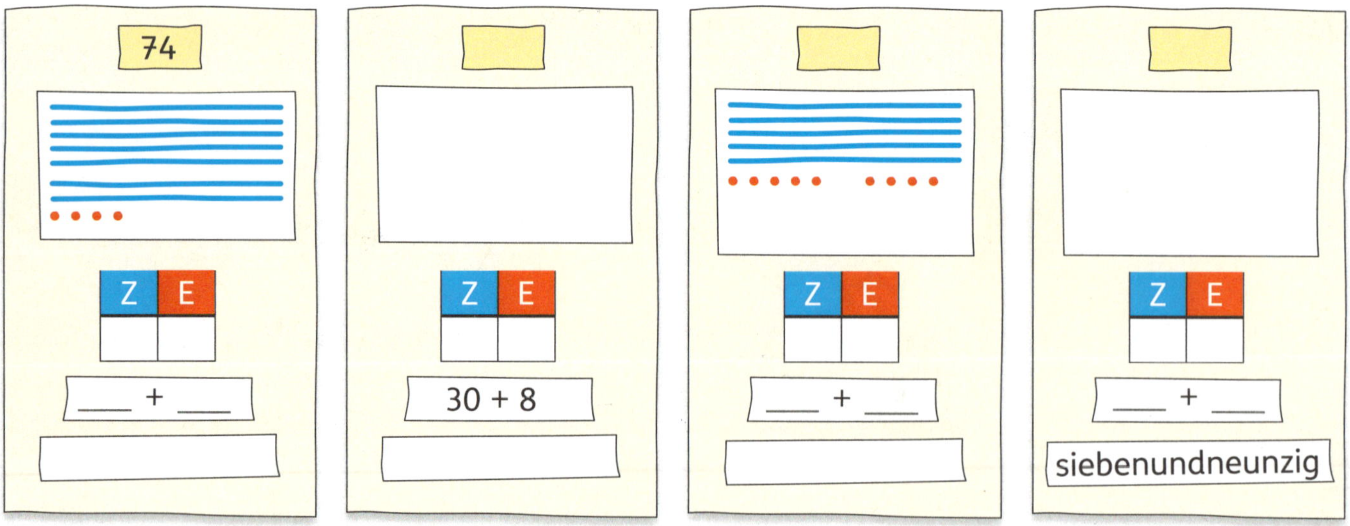

2 a) Auf welche Zahlen zeigen die roten Pfeile?

22

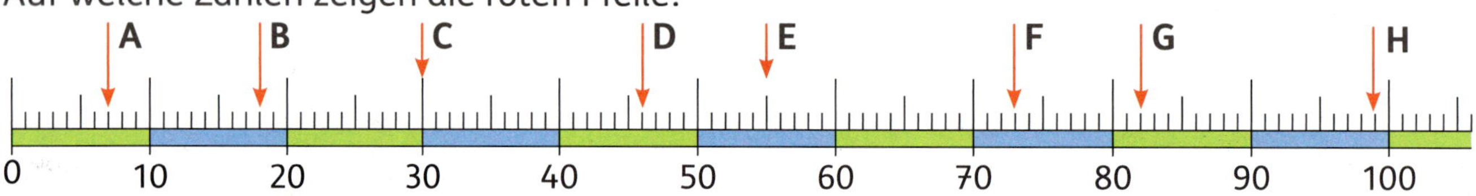

b) Zeige am Zahlenstrahl und schreibe die Zahlen.

von 28 bis 36
von 83 bis 92

von 46 bis 55
von 73 bis 64

von 26 bis 19
von 64 bis 54

von 95 bis 101
von 102 bis 93

3 Ordne nach der Größe. Beginne mit der kleinsten Zahl.

23

a) 15, 70, 39, 42, 8

b) 36, 63, 53, 5, 65

c) 19, 89, 98, 91, 86

d) 102, 99, 110, 111, 101

4 Frage, löse, antworte.

12

a) Nina kauft:

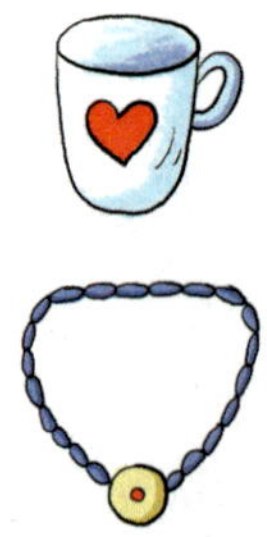

Wie viel muss Nina bezahlen?

b) Marco kauft:

Wie viel muss Marco bezahlen?

c) Ida hat: 

Sie kauft:

Wie viel bekommt Ida zurück?

1–4 Wiederholung des aktuellen Stoffes. **1** KV nutzen.

AH 23 **KV** 22, 104–106

1 6 7

a) 6 + 2
3 + 4
4 + 4
0 + 5
1 + 6
5 5 7
7 8 8

b) 12 + 5
11 + 8
13 + 2
10 + 5
14 + 5
15 15 17
17 19 19

c) 5 + 5 + 4
6 + 4 + 8
8 + 2 + 5
3 + 7 + 4
1 + 9 + 5
14 14 15
15 18 18

d) 7 + 4
6 + 8
9 + 4
8 + 5
7 + 7
11 11 13
13 14 14

e) 7 + ☐ = 10
6 + ☐ = 11
9 + ☐ = 12
6 + ☐ = 13
9 + ☐ = 14
3 3 5
5 7 7

f) 8 − 7
9 − 5
6 − 3
7 − 4
4 − 0
1 1 3
3 4 4

g) 14 − 3
18 − 7
20 − 8
19 − 5
16 − 4
11 11 12
12 14 14

h) 14 − 4 − 3
13 − 3 − 5
18 − 8 − 7
15 − 5 − 5
19 − 9 − 7
3 3 5
5 7 7

i) 14 − 9
12 − 4
15 − 9
17 − 9
11 − 5
5 5 6
6 8 8

j) 13 − ☐ = 7
12 − ☐ = 5
17 − ☐ = 9
13 − ☐ = 5
14 − ☐ = 8
6 6 7
7 8 8

2 Schreibe Aufgabenfamilien.
8

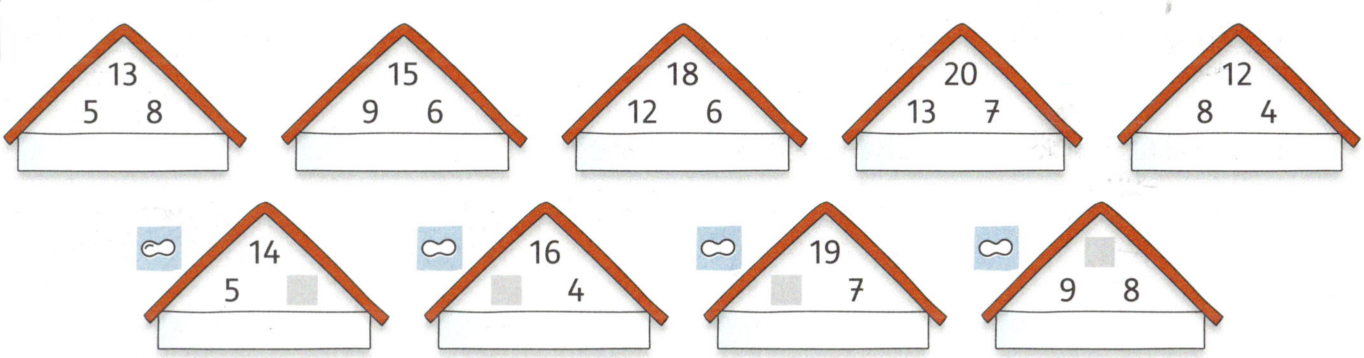

3 a) Miss die Länge jeder Strecke.
1

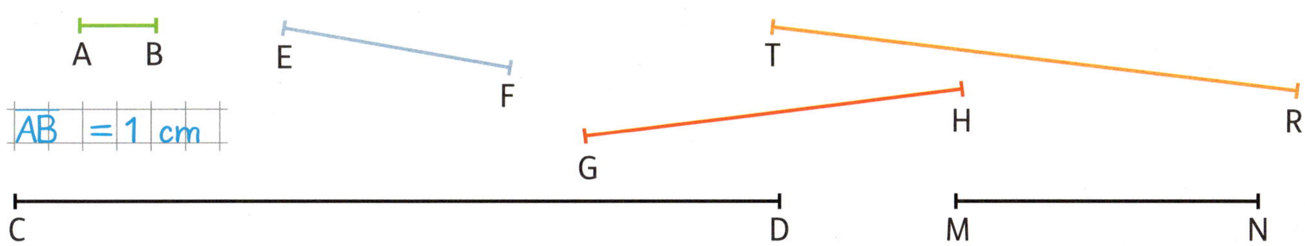

b) Zeichne Strecken in dein Heft. 2 cm 4 cm 6 cm 8 cm 9 cm

4
9

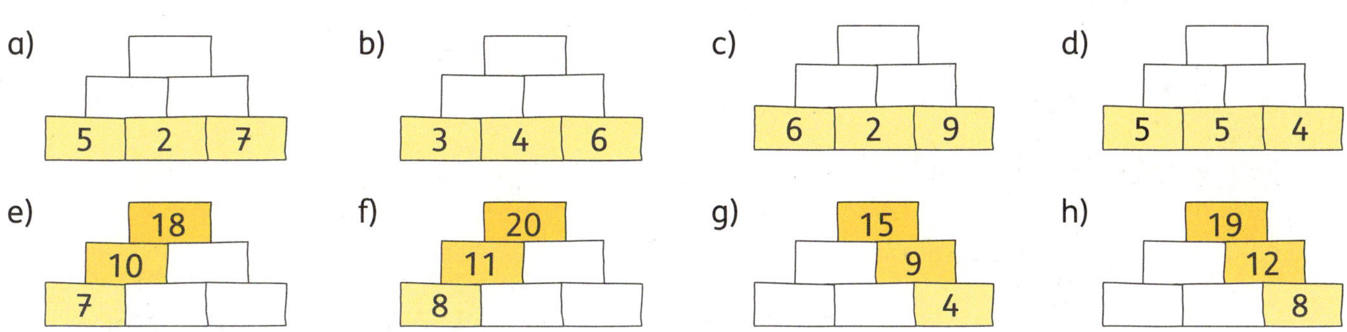

1–4 Sicherung des Basiswissens. **4** KV nutzen.

1

	1. Summand		2. Summand		
Addition	32	+	6	=	38
addieren		Summe			Summe

2

a)	b)	c)	d)	e)
3 + 2	5 + 4	24 + 3	7 + 21	1 + 93
13 + 2	25 + 4	46 + 2	3 + 68	6 + 22
23 + 2	45 + 4	31 + 6	8 + 91	2 + 67
33 + 2	65 + 4	43 + 5	2 + 26	7 + 51
43 + 2	85 + 4	74 + 0	5 + 43	4 + 95

3

a)	b)	c)	d)	e)
17 + 3	65 + 5	76 + 4	94 + 6	28 + 3
27 + 3	38 + 2	24 + 6	23 + 7	49 + 4
47 + 3	54 + 6	99 + 1	72 + 8	68 + 6
77 + 3	89 + 1	71 + 9	66 + 4	35 + 8
97 + 3	42 + 8	55 + 5	88 + 2	57 + 7

4 Ergänze bis zum nächsten Zehner.

13 16 72 58 32 87 45

13 + 7 = 20 21 64 79 93

5 Schreibe immer 5 Aufgaben.

Mario
Die Summe ist 18.
Der 1. Summand ist größer als 10.

Antonia
Die Summe ist 24.
Der 2. Summand ist größer als der 1. Summand.

Lars
Die Summe ist kleiner als 20.
Beide Summanden sind gleich groß.

Maja
Der 1. Summand ist 40.
Der 2. Summand ist kleiner als die Hälfte von 16.

Additionsaufgaben ohne Zehnerüberschreitung mit aus Klasse 1 bekannten Strategien lösen, Begriffe der Addition (Summand, Summe) einführen. **3, 4** Zum nächsten Zehner addieren bzw. ergänzen.

AH 24 181–182

1

!

Subtraktion

subtrahieren

Minuend — Subtrahend

49 − 7 = 42

Differenz — Differenz

2

a) 8 − 6, 18 − 6, 28 − 6, 38 − 6, 48 − 6

b) 9 − 3, 39 − 3, 59 − 3, 79 − 3, 99 − 3

c) 23 − 1, 96 − 5, 46 − 4, 68 − 2, 35 − 3

d) 67 − 4, 28 − 5, 87 − 6, 56 − 0, 79 − 9

e) 98 − 7, 41 − 0, 82 − 1, 39 − 8, 58 − 2

3

a) 30 − 4, 50 − 4, 40 − 4, 70 − 4, 90 − 4

b) 60 − 2, 60 − 8, 60 − 5, 60 − 7, 60 − 6

c) 30 − 6, 20 − 8, 90 − 9, 70 − 0, 50 − 3

d) 80 − 1, 40 − 2, 100 − 7, 60 − 4, 30 − 9

e) 31 − 2, 42 − 4, 54 − 7, 25 − 8, 77 − 9

4 Welche Zahlen passen?

a) 40 − 2 = 38, 20 − 9 = 11, 30 − 5 = 25, 70 − 7 = 63

b) 50 − 6 = 44, 80 − 1 = 79, 90 − 3 = 87, 60 − 8 = 52

c) 30 − ☐ = 26, 70 − ☐ = 61, 50 − ☐ = 48, 100 − ☐ = 96

d) 90 − ☐ = 82, 40 − ☐ = 33, 80 − ☐ = 75, 20 − ☐ = 14

5 Schreibe immer 5 Aufgaben.

Max
Der Minuend ist 30.
Der Subtrahend ist kleiner als 8.

Mia
Der Minuend ist doppelt so groß wie der Subtrahend.

Robin
Die Differenz ist kleiner als 35 und größer als 25.

Nadja
Der Minuend ist genauso groß wie die Differenz.

Subtraktionsaufgaben ohne Zehnerüberschreitung mit aus Klasse 1 bekannten Strategien lösen, Begriffe der Subtraktion (Minuend, Subtrahend, Differenz) einführen. **3, 4** Vom vollen Zehner subtrahieren.

Addieren mit Zehnerübergang

1 Rechenkonferenz

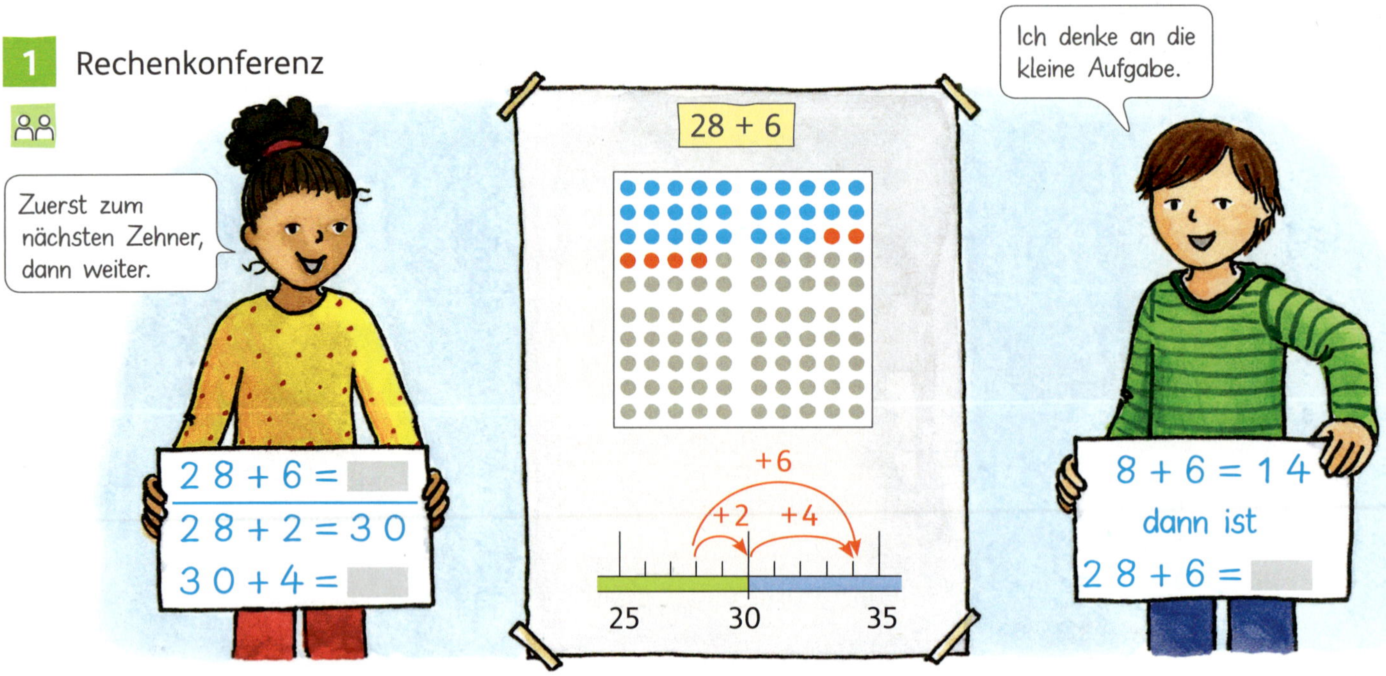

2 Wie rechnest du? Erkläre deinem Partner 5 Aufgaben.

a)	b)	c)	d)	e)
25 + 8	37 + 7	46 + 9	58 + 6	79 + 6
55 + 8	37 + 4	79 + 2	63 + 8	47 + 4
65 + 8	37 + 6	72 + 9	89 + 4	89 + 2
85 + 8	37 + 9	49 + 6	36 + 5	66 + 5
45 + 8	37 + 5	57 + 8	87 + 7	75 + 7
33 43 53	41 42 43	55 55 65	41 64 71	51 61 71
63 73 93	44 45 46	65 81 81	83 93 94	82 85 91

3 Finde Rechenfehler. Schreibe die Aufgaben richtig auf.

a)	b)	c)	d)	e)
29 + 7 = 26	78 + 3 = 81	77 + 8 = 84	48 + 7 = 55	34 + 9 = 42
56 + 9 = 65	26 + 6 = 68	59 + 4 = 63	39 + 9 = 48	15 + 7 = 22
64 + 7 = 71	59 + 9 = 78	69 + 2 = 71	29 + 3 = 95	52 + 9 = 34
38 + 3 = 41	86 + 5 = 91	47 + 9 = 46	49 + 4 = 53	83 + 8 = 91
67 + 8 = 57	37 + 8 = 54	86 + 5 = 91	75 + 8 = 82	36 + 6 = 42

4

5

a) Meine Zahl ist um 5 größer als 67.

b) Meine Zahl ist um 3 größer als 88.

c) Meine Zahl ist um 9 größer als der Vorgänger der 50.

d) Der Nachfolger der 63 ist um 7 größer als meine Zahl.

1–2 Verschiedene Rechenwege kennenlernen, miteinander vergleichen und individuell anwenden. Zahlenstrahl bzw. Hunderterfeld zur Veranschaulichung nutzen. **3–5** Eingeführte Rechenstrategien flexibel anwenden.

AH 26 **KV** 8 187–188

1 Rechenkonferenz

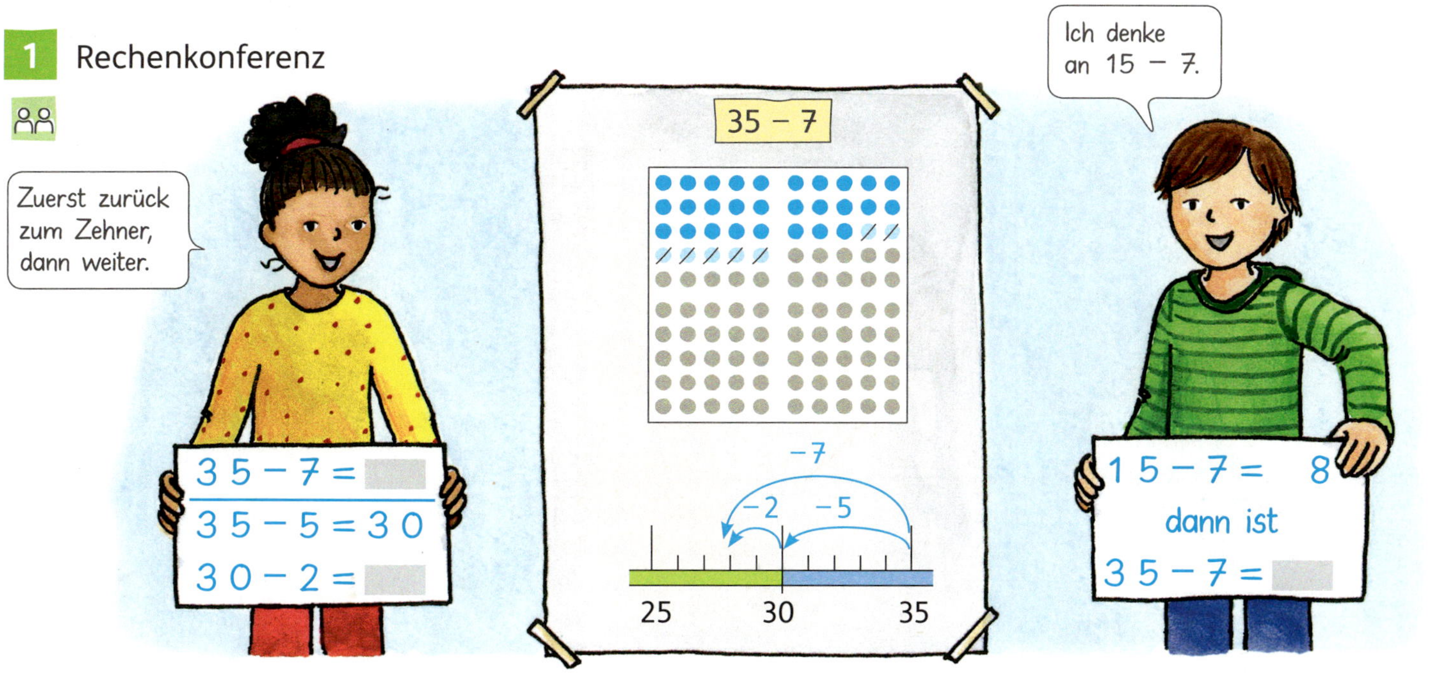

2 Wie rechnest du? Erkläre deinem Partner 5 Aufgaben.

a)	b)	c)	d)	e)
22 − 8	34 − 7	91 − 9	54 − 9	23 − 6
92 − 8	34 − 8	82 − 6	63 − 8	95 − 8
72 − 8	34 − 6	63 − 9	93 − 4	62 − 5
42 − 8	34 − 9	51 − 2	72 − 6	81 − 4
82 − 8	34 − 5	74 − 8	84 − 7	77 − 9
14 34 54	23 25 26	49 54 56	45 55 66	17 26 57
64 74 84	27 28 29	66 76 82	77 88 89	68 77 87

3 Finde Rechenfehler. Schreibe die Aufgaben richtig auf.

a)	b)	c)	d)	e)
42 − 6 = 34	62 − 5 = 57	86 − 9 = 59	67 − 8 = 59	97 − 9 = 70
51 − 4 = 47	75 − 9 = 67	42 − 7 = 53	52 − 3 = 49	25 − 6 = 19
63 − 8 = 71	76 − 8 = 68	53 − 5 = 48	38 − 9 = 28	62 − 7 = 55
15 − 7 = 8	43 − 7 = 63	31 − 2 = 29	94 − 6 = 88	81 − 4 = 73
35 − 6 = 29	94 − 6 = 88	71 − 3 = 68	21 − 2 = 23	57 − 8 = 49

4

42	4	37
44	5	38
91	6	85
92	7	86

8

☐ − ☐ = ☐

5

a) Meine Zahl ist um 7 kleiner als 24.

b) Meine Zahl ist um 9 kleiner als 56.

c) Wenn du von meiner Zahl 9 subtrahierst und dann 2 addierst, erhältst du 70.

d) Meine Zahl ist um das Doppelte von 0 kleiner als der Vorgänger von 100.

1–2 Verschiedene Rechenwege kennenlernen, miteinander vergleichen und individuell anwenden. Zahlenstrahl bzw. Hunderterfeld zur Veranschaulichung nutzen. **3–5** Eingeführte Rechenstrategien flexibel anwenden.

AH 27 **KV** 8 189–190

Gleichungen lösen

1

2 Löse die Gleichungen.

33 + a = 38
a =

a)	b)	c)
33 + a = 38	39 − f = 34	94 − r = 87
74 + b = 76	66 − g = 65	75 + s = 80
27 + c = 30	47 − h = 40	38 − t = 29
58 + d = 62	32 − i = 28	17 + u = 21
19 + e = 27	55 − k = 49	53 − v = 45
2 3 4 5 7 8	1 2 4 5 6 7	4 5 6 7 8 9

3

a)	b)	c)
a + 5 = 55	f − 3 = 41	r + 8 = 89
b + 2 = 54	g − 1 = 44	s − 5 = 78
c + 3 = 52	h − 9 = 40	t + 2 = 86
d + 6 = 53	i − 7 = 43	u − 6 = 74
e + 4 = 60	k − 6 = 46	v + 7 = 85
47 49 50	44 45 46	78 79 80
52 53 56	49 50 52	81 83 84

4 Schreibe Gleichungen und löse sie.

a) Der 1. Summand ist 25. Die Summe ist 30. Wie heißt der 2. Summand?

25 + a = 30
a =

b) Der 1. Summand ist 38. Die Summe ist 45. Wie heißt der 2. Summand?

c) Der 2. Summand ist 9. Die Summe ist 27. Wie heißt der 1. Summand?

d) Der 2. Summand ist 7. Die Summe ist 60. Wie heißt der 1. Summand?

e) Der Minuend ist 40. Die Differenz ist 32. Wie heißt der Subtrahend?

f) Der Minuend ist 93. Die Differenz ist 88. Wie heißt der Subtrahend?

g) Der Subtrahend ist 6. Die Differenz ist 13. Wie heißt der Minuend?

h) Der Subtrahend ist 2. Die Differenz ist 79. Wie heißt der Minuend?

1 Gleichungen mit Variablen (Buchstaben) kennenlernen. **2, 3** Gleichungen mit Variablen lösen.

1

2 Schreibe jeweils alle Lösungen auf.

$20 + a < 24$
$a =$

a)	b)	c)
$20 + a < 24$	$16 + f < 20$	$r + 11 < 14$
$30 + b < 32$	$57 + g < 60$	$s + 23 < 25$
$71 + c < 75$	$48 + h < 51$	$t + 60 < 64$
$54 + d < 56$	$76 + i < 82$	$u + 88 < 90$

3

a)	b)	c)
$24 - a > 20$	$40 - f > 39$	$r - 5 < 2$
$52 - b > 50$	$90 - g > 88$	$s - 5 < 4$
$45 - c > 42$	$22 - h > 19$	$t - 10 < 3$
$78 - d > 77$	$61 - i > 57$	$u - 10 < 1$

4 Setze <, > oder = ein.

a)	b)	c)	d)
15 + 2 ◯ 18	17 ◯ 14 + 6	13 − 2 ◯ 10	25 ◯ 29 − 3
21 + 7 ◯ 26	23 ◯ 22 + 1	36 − 1 ◯ 33	77 ◯ 79 − 2
34 + 3 ◯ 37	72 ◯ 67 + 4	68 − 6 ◯ 61	41 ◯ 50 − 8
83 + 9 ◯ 91	46 ◯ 39 + 8	92 − 5 ◯ 87	87 ◯ 92 − 6

5 Schreibe Ungleichungen und löse sie.

a) Welche Zahlen kann man zu 16 addieren, wenn die Summe kleiner als 20 sein soll?

$16 + x < 20$

b) Welche Zahlen kann man zu 59 addieren, wenn die Summe kleiner als 61 sein soll?

c) Zu welchen Zahlen kann man 40 addieren, wenn die Summe kleiner als 45 sein soll?

d) Welche Zahlen kann man von 17 subtrahieren, wenn die Differenz größer als 14 sein soll?

e) Welche Zahlen kann man von 90 subtrahieren, wenn die Differenz größer als 86 sein soll?

1 Ungleichungen mit Variablen (Buchstaben) kennenlernen. **2, 3** Ungleichungen lösen. **4** Rechensätze mit Zahlen vergleichen.

Addieren und subtrahieren mit Zehnerzahlen

1

2

a) 37 + 50
24 + 70
57 + 10
14 + 60
27 + 30

57 67 74
84 87 94

b) 26 + 60
63 + 30
46 + 20
43 + 30
36 + 10

46 56 66
73 86 93

c) 40 + 22
60 + 34
10 + 72
30 + 34
20 + 52

62 64 72
82 92 94

d) 55 − 40
73 − 30
85 − 60
83 − 20
95 − 50

9 15 25
43 45 63

e) 78 − 40
52 − 10
58 − 30
82 − 70
48 − 40

8 12 18
28 38 42

f) 49 − 10
57 − 10
69 − 40
77 − 50
79 − 60

19 27 29
39 47 49

3

a) 14 + 30 + 30
37 + 10 + 20
24 + 30 + 10
27 + 10 + 40
34 + 20 + 30

64 67 74
77 84 87

b) 20 + 35 + 30
40 + 29 + 30
10 + 45 + 40
30 + 19 + 40
20 + 15 + 40

75 79 85
89 95 99

c) 89 − 20 − 50
63 − 40 − 10
69 − 30 − 30
93 − 20 − 70
59 − 20 − 10

3 9 13
19 23 29

d) 73 − 5 − 30
54 − 6 − 40
83 − 7 − 50
44 − 8 − 20
93 − 9 − 60

8 16 24
26 34 38

4 Kontrolliere mit der Umkehraufgabe.

45 − 20

45 − 20 = 25
25 + 20 = ☐

64 − 30 | 73 − 30 | 51 − 40 | 77 − 70
98 − 80 | 89 − 10 | 52 − 40
55 − 30 | 72 − 70 | 67 − 50 | 94 − 40

5

34	10	64
44	20	74
54	30	84
64	40	94

12

☐ + ☐ = ☐

56	10	36
76	20	46
86	30	56
96	40	☐

mindestens 8

☐ − ☐ = ☐

1 Strategien zum Lösen von Additions- und Subtraktionsaufgaben mit Zehnerzahlen kennenlernen. **2–5** Additions- und Subtraktionsaufgaben mit Zehnerzahlen üben.

AH 29 **KV** 8 192–194

1

2

a)

42 + 7	
+ +	+
5 + 2	
+	56

b)

65 + 4	
+ +	+
3 + 5	
+	77

c)

6 + 3	
+ +	+
38 + 5	
+	52

d)

29 + 30	
+ +	+
20 + 20	
+	99

42	7	
5	2	
		56

e)

20 + 10	
+ +	+
40 + 27	
+	97

f)

26 + 4	
+ +	+
8 + 46	
+	84

g)

8 + 44	
+ +	+
34 + 6	
+	92

3

a)

4 +	
+ +	+
3 + 24	
+	36

b)

62 + 4	
+ +	+
+ 3	
+	73

c)

2 + 7	
+ +	+
87 +	
+	97

d)

+ 3	
+ +	+
4 + 1	
+	42

e)

78 +	82
+ +	+
+ 3	
84 +	

f)

+	
+ +	+
+ 57	59
7 + 60	

g)

+	9
+ +	+
+ 0	64
+ 8	

4 In jedem Traxomat ist eine Zahl falsch. Finde den Fehler.

a)

45 + 2	47
+ +	+
1 + 6	7
44 + 8	54

b)

49 + 5	55
+ +	+
7 + 1	8
56 + 6	62

c)

32 + 10	42
+ +	+
30 + 30	50
52 + 40	92

d)

40 + 30	70
+ +	+
10 + 29	29
50 + 49	99

1 Die Verknüpfungstabelle als neues Übungsformat einführen. Jeweils 3-mal waagerecht und senkrecht addieren. **2–3** KV nutzen. **4** Aufgaben mündlich bearbeiten.

Addieren ohne Zehnerübergang

1 Rechenkonferenz

2 Wie rechnest du? Erkläre deinem Partner 5 Aufgaben.

a)	b)	c)	d)	e)
33 + 25	21 + 37	54 + 35	76 + 11	12 + 86
33 + 24	51 + 37	15 + 53	25 + 52	24 + 73
33 + 26	31 + 37	61 + 16	56 + 33	17 + 52
33 + 22	61 + 37	71 + 17	14 + 41	26 + 64
33 + 23	41 + 37	44 + 25	57 + 21	67 + 22
55 56 57	48 58 68	24 68 69	55 77 78	69 89 90
58 59 61	78 88 98	77 88 89	87 89 92	92 97 98

3

a)	b)	c)
32 + 45 + 20	13 + 16 + 30	52 + 13 + 7
47 + 12 + 30	10 + 24 + 42	31 + 16 + 4
25 + 13 + 40	61 + 16 + 10	73 + 15 + 5
16 + 21 + 50	17 + 50 + 22	28 + 31 + 9
51 + 38 + 10	44 + 24 + 20	61 + 22 + 8
78 87 87	59 69 76	45 51 68
89 97 99	87 88 89	72 91 93

4 In jeder Aufgabenrolle ist eine Zahl falsch. Finde den Fehler.

31 + 28 = 59	3 + 5 = 8	41 + 54 = 95	66 + 13 = 79
32 + 27 = 59	13 + 10 = 23	35 + 54 = 89	62 + 16 = 78
33 + 26 = 59	23 + 15 = 38	31 + 44 = 75	56 + 23 = 79
34 + 25 = 59	33 + 20 = 53	25 + 44 = 69	52 + 26 = 78
35 + 24 = 59	43 + 25 = 68	21 + 34 = 55	46 + 36 = 79
35 + 23 = 59	53 + 30 = 73	31 + 34 = 49	42 + 36 = 78
37 + 22 = 59	63 + 35 = 98	11 + 24 = 35	36 + 43 = 79

1 Verschiedene Lösungswege für das halbschriftliche Addieren kennenlernen, vergleichen und individuell anwenden. **2** Den eigenen Rechenweg finden. **3** Beim Rechnen mit drei Gliedern die Schüler auf Strategien für vorteilhaftes Rechnen aufmerksam machen. **4** Aufgabenrollen kontrollieren. Aufgaben mündlich lösen.

AH 31 **KV** 9 195–196

1 Rechenkonferenz

2 Wie rechnest du? Erkläre deinem Partner 5 Aufgaben.

a)	b)	c)	d)	e)
58 − 21	37 − 21	67 − 51	89 − 27	99 − 56
58 − 23	47 − 21	43 − 21	68 − 55	86 − 64
58 − 24	87 − 21	78 − 15	47 − 43	75 − 52
58 − 22	57 − 21	79 − 54	56 − 31	69 − 39
58 − 25	67 − 21	83 − 72	25 − 14	46 − 15
33 34 35	16 26 36	11 16 22	4 9 11	22 23 30
36 37 38	46 66 76	25 63 77	13 25 62	31 43 90

3

a)	b)	c)
85 − 31 − 40	96 − 15 − 30	46 − 31 − 5
76 − 35 − 20	54 − 21 − 10	75 − 34 − 6
57 − 16 − 10	68 − 20 − 16	63 − 41 − 8
68 − 25 − 20	45 − 33 − 10	99 − 23 − 5
94 − 13 − 70	77 − 20 − 24	48 − 26 − 6
11 14 21	2 23 32	10 14 16
23 26 31	33 51 78	20 35 71

4 In jeder Aufgabenrolle ist eine Zahl falsch. Finde den Fehler.

49 − 16 = 33	87 − 63 = 24	78 − 44 = 34	96 − 25 = 71
49 − 15 = 34	84 − 53 = 31	75 − 44 = 31	99 − 27 = 72
49 − 14 = 35	77 − 43 = 34	68 − 34 = 34	86 − 35 = 51
49 − 13 = 36	74 − 33 = 41	65 − 34 = 31	89 − 37 = 52
49 − 12 = 37	67 − 23 = 44	58 − 24 = 34	76 − 45 = 41
49 − 11 = 37	64 − 13 = 51	55 − 24 = 31	79 − 47 = 32
49 − 10 = 39	57 − 3 = 61	48 − 34 = 34	66 − 55 = 11

1 Verschiedene Lösungswege für das halbschriftliche Subtrahieren kennenlernen, vergleichen und individuell anwenden. **2** Den eigenen Rechenweg finden. **3** Beim Rechnen mit drei Gliedern auf Strategien für vorteilhaftes Rechnen aufmerksam machen.
4 Aufgabenrollen kontrollieren. Aufgaben mündlich lösen.

AH 32 **KV** 9 199–200

1 Setze jeweils um 4 Zahlen fort.

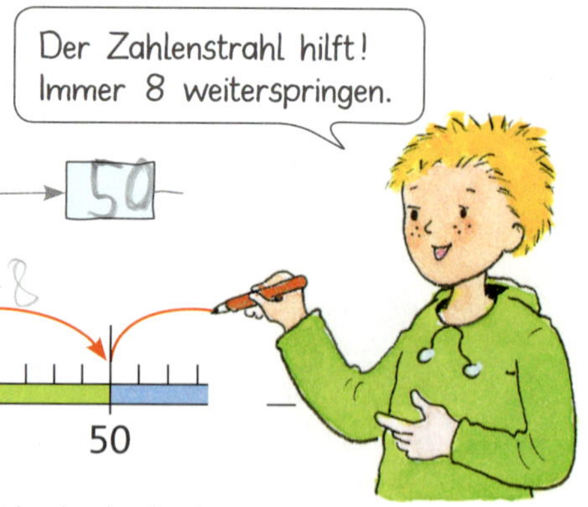

a) 10 → 18 → 26 → 34 → ☐ → ☐

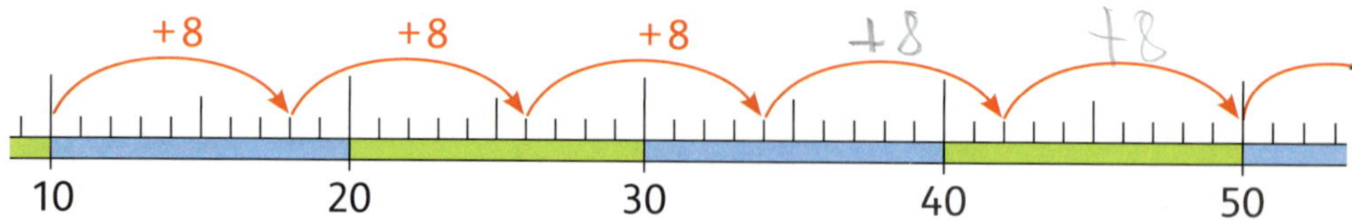

10 —(+8)→ 18 —(+8)→ 26 —(+8)→ 34 —(+8)→

b) 30 → 35 → 40 → 45 → ☐

c) 28 → 34 → 40 → 46 → ☐

d) 2 → 11 → 20 → 29 → ☐

e) 50 → 47 → 44 → 41 → ☐

f) 62 → 57 → 52 → 47 → ☐

g) 92 → 84 → 76 → 68 → ☐

2 Setze jeweils um 4 Zahlen fort.

a) 20 → 26 → 36 → 42 → 52 → ☐

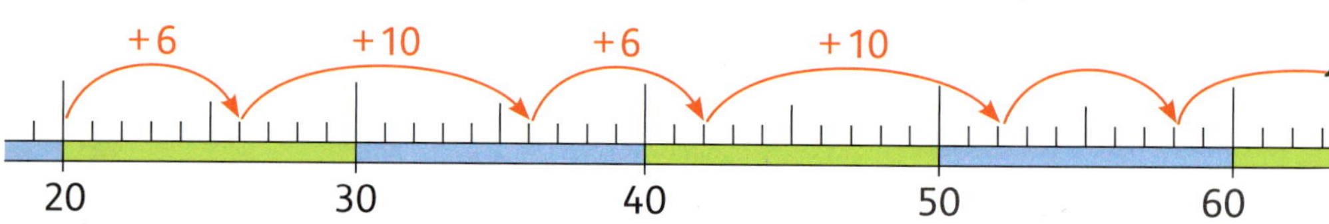

b) 7 → 15 → 25 → 33 → 43

c) 90 → 87 → 85 → 82 → 80

d) 73 → 68 → 62 → 57 → 51

e) 16 → 13 → 23 → 20 → 30

f) 52 → 58 → 49 → 55 → 46

g) 85 → 78 → 81 → 74 → 77

3 In jeder Zahlenfolge ist eine Zahl falsch. Finde den Fehler.

a) 51 → 48 → 57 → 54 → 63 → 60 → 68 → 66 → 75 → 72

b) 18 → 28 → 24 → 34 → 30 → 40 → 36 → 46 → 42 → 54

1 Den Zahlenstrahl als Hilfsmittel zum Fortsetzen von Zahlenfolgen kennenlernen. **1–2** Das Heft für den Hefteintrag quer nehmen oder KV nutzen. **3** Aufgaben mündlich bearbeiten.

AH 33 **KV** 29–30, 44 367–375

1 Emma hat: ▲ ▲ ▲ ▲ ■ ■
Sie legt immer aus 2 Geoplättchen ein Haus. Wie viele verschiedene Möglichkeiten gibt es?

2 Emma deckt den Tisch. Wie viele verschiedene Möglichkeiten gibt es jeweils?

a) Emma kombiniert eine Tasse mit einem Teller.

b) Emma kombiniert eine Tasse mit einem Teller in einer anderen Farbe.

c) Emma kombiniert eine Tasse mit einem Teller. Sie möchte aber keine gelbe Tasse benutzen.

3 Emma überlegt, was sie anziehen möchte. Wie viele Möglichkeiten gibt es jeweils?

a) Emma kombiniert eine Hose mit einem T-Shirt.

b) Emma möchte auf jeden Fall die blaue Hose anziehen. Sie kombiniert sie mit einem T-Shirt.

c) Emma möchte kein grünes T-Shirt anziehen. Sie überlegt, wie viele Möglichkeiten es dann gibt.

d) Emma holt ihre grüne Hose noch von der Wäscheleine und überlegt, wie viele Möglichkeiten es dann gibt, eine Hose und ein T-Shirt zu kombinieren.

1–3 Aufgaben zur Kombinatorik lösen. Alle Möglichkeiten probierend oder zunehmend systematisch finden. Geeignete Darstellungsformen zur Dokumentation aller Möglichkeiten nutzen. Das Verwenden einer sortierten Liste bzw. der Tabelle thematisieren (KV).

1 Die Kinder wollen mit verbundenen Augen aus jedem Beutel einen Steckwürfel ziehen. Wie wahrscheinlich ist es, dass der Steckwürfel rot ist?

2 a) Fatima und Anton ziehen einen Steckwürfel. Bei wem ist die Wahrscheinlichkeit größer, dass er rot ist? Was vermutet ihr?

b) Zieht jetzt aus beiden Beuteln 30-mal einen Steckwürfel und legt ihn immer wieder zurück. Schreibt eure Ergebnisse in eine Strichliste.

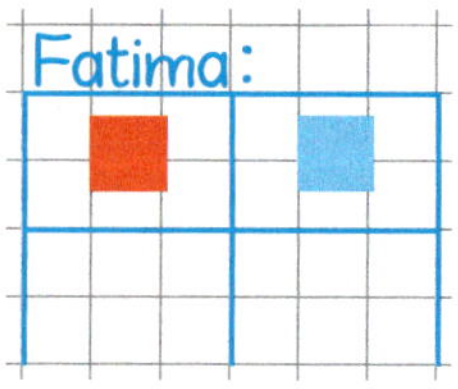

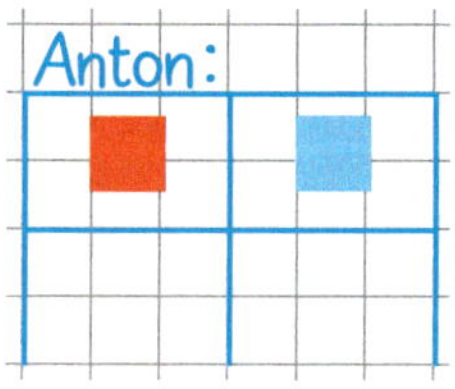

c) Stimmt eure Vermutung? Erklärt, was euch auffällt.

3 Kim, Ina, Anton und Paul haben 30-mal einen Steckwürfel gezogen. Wer könnte aus welchem Beutel gezogen haben? Begründe.

Kim:

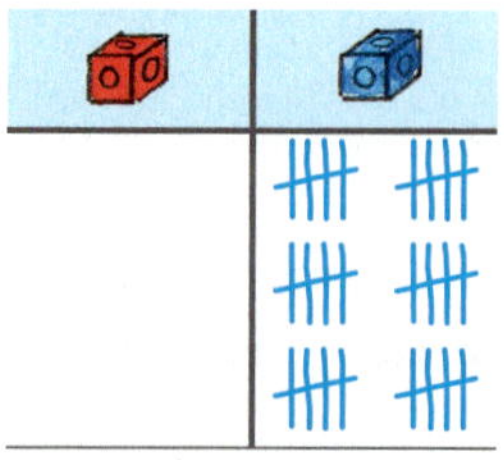

Ina:

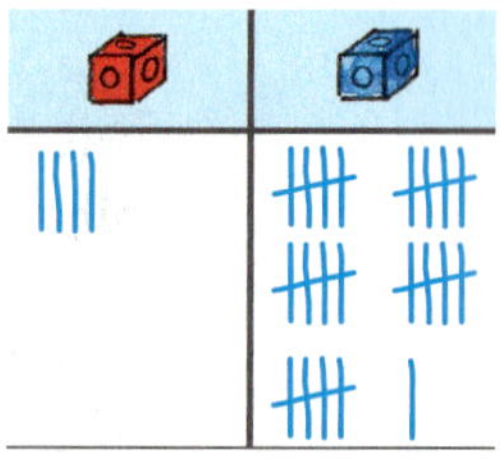

Anton:

Paul:

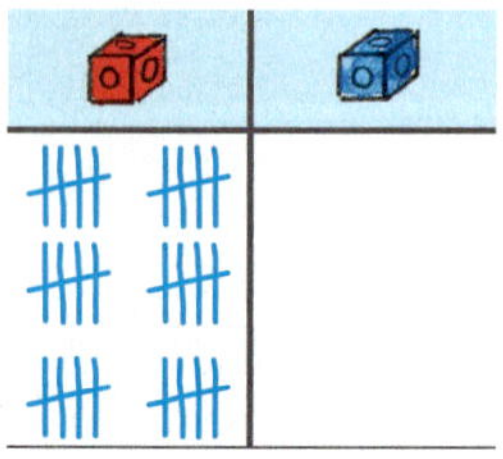

1–2 Zufallsexperimente (Ziehen mit Zurücklegen) durchführen. Vermutungen anstellen, Ergebnisse in einer Strichliste notieren. Den Wahrscheinlichkeitsstreifen zum Vergleichen der Eintrittswahrscheinlichkeiten einführen.
3 Strichlisten und abgebildete Beutel einander zuordnen. Zuordnung begründen.

AH 35

1 Haben die Kinder Recht? Was meinst du?

2 a) Würfelt 60-mal mit einem Würfel. Schreibt eure Ergebnisse als Strichliste auf.

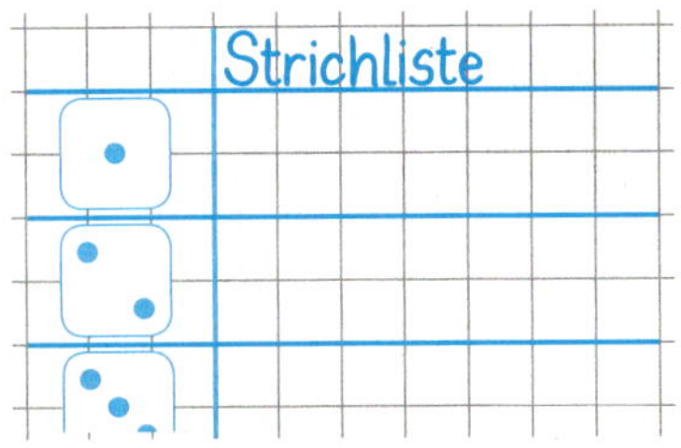

b) Vergleicht eure Ergebnisse mit anderen Gruppen. Was fällt euch auf?

c) Was meint ihr zu den Aussagen der Kinder?

Tim: Die 4 wird häufiger gewürfelt als die 6.

Emma: Ich würfle nie eine 7.

Jona: Es ist sicher, dass ich bei 60 Würfen keine 6 würfle.

Tobi: Wahrscheinlich fällt bei 60 Würfen mindestens eine 1.

Paula: Es ist unmöglich, zweimal hintereinander die gleiche Zahl zu würfeln.

Anina: Es ist möglich, dass ich bei 60 Würfen zehnmal eine 6 würfle.

3 a) Würfelt 60-mal mit einem Baustein. Schreibt eure Ergebnisse als Strichliste auf.

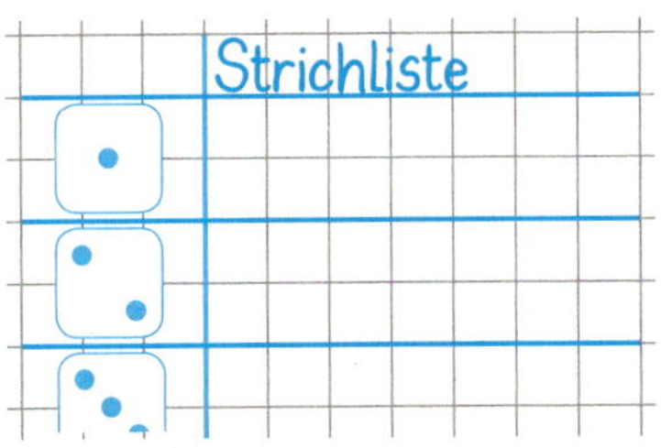

b) Vergleicht eure Ergebnisse mit anderen Gruppen. Was fällt euch auf?

c) Was meint ihr zu den Aussagen der Kinder?

Leonie: Es ist unmöglich, eine 6 zu würfeln.

Ina: Die 5 fällt häufiger als die 6.

Dustin: Es ist möglich, eine 2 zu würfeln.

Kathi: Es ist wahrscheinlicher eine 1 zu würfeln, als eine 2.

Bela: Es ist sicher, dass ich keine 5 würfle.

Gereon: Die Wahrscheinlichkeit eine 5 zu würfeln, ist gering.

1 Über Erfahrungen mit Würfelereignissen (Zufallsereignissen) sprechen. Vermutungen zur Eintrittswahrscheinlichkeit der Augenzahlen beim Würfeln anstellen. **2–3** Zufallsexperimente durchführen und auswerten. Gruppenergebnisse zusammenfassen, so dass die Annäherung an die erwartete Häufigkeitsverteilung noch deutlicher hervortritt.

Längen vergleichen

1 Kinder der Klasse 2 versuchen, sich nach der Größe aufzustellen. Kannst du helfen?

2 a) Vergleiche Kinder von Aufgabe 1.
Verwende diese Ausdrücke:

... ist größer als ... | ... ist kleiner als ...
... ist genauso groß wie ... | ... sind gleich groß.
... ist am kleinsten. | ... ist am größten.

b) Vergleicht Kinder aus eurer Klasse.

3 a) Ordne nach der Länge:
- deine Buntstifte,
- deine Wachsmalstifte,
- deine Pinsel,
- ...

b) Findest du in deiner Tasche auch Gegenstände, die gleich lang sind?

4 Vergleiche und beschreibe.
Verwende diese Wörter.

... höher .... | ... schmaler ...
... niedriger ... | ... breiter ...

Der blaue Turm ist höher als der gelbe Turm.

5 Vergleicht auf dem Schulhof:
Wer kommt am weitesten mit ...

10 Schritten?

20 Fußlängen?

10 Sprüngen?

1 Sprung mit geschlossenen Beinen?

10 Sprüngen auf dem linken Bein?

10 Sprüngen auf dem rechten Bein?

1 Über die Situation reden. Die Kinder der Klasse nach der Größe aufstellen lassen. **2** Körpergrößen mit treffenden Ausdrücken vergleichen und nach der Größe ordnen. **3–5** Weitere Längen vergleichen.

KV 47

1

Miss im Klassenzimmer mit deinen Körpermaßen:

	Ergebnis
Länge des Zimmers	▢ Schritte
Breite des Zimmers	
Länge der Tafel	
Höhe der Tafel	
Breite eines Tisches	

2 Was passt zusammen?

Breite einer Tür: ▢ Fuß
Länge einer Tafel: ▢

Breite einer Tür	30 Handspannen
Länge einer Tafel	100 Schritte
Länge eines Schulbusses	5 Fuß
Länge eines Radiergummis	2 Handspannen
Länge des Nussknackers	5 Fingerbreiten
Länge eines Pausenhofs	25 Schritte

3 Ida und Alex haben gemessen: Welche Messergebnisse stammen von Alex? Welche von Ida?

Klassenzimmerbreite	12 Handspannen
Türbreite	9 Schritte
	10 Handspannen
	11 Schritte

1 Verschiedene Körpermaße als nicht-standardisierte Maßeinheiten kennenlernen. Messen mit Körpermaßen (KV). **2** Längen in Körpermaßen einschätzen. **3** Probleme bei der Verwendung von Körpermaßen erkennen.

KV 47 280

1 Die Kinder messen die Breite des Klassenzimmers.

2 Schneidet euch von einer Schnur einen Meter ab.

a) Sucht Gegenstände in der Schule, die ungefähr einen Meter lang sind.

b) Welche eurer Körpermaße sind ungefähr einen Meter lang?

3 Erst schätzen, dann messen.

	geschätzt	gemessen
Höhe der Tafel	m	m
Breite der Tafel		
Länge des Zimmers		
Breite des Zimmers		

4 Messt im Schulgang oder auf dem Schulhof:

1 0 Schritte: m

2 0 Handspannen: m

10 Schritte vorwärts

10 Handspannen

10 Fußlängen

10 Sprünge

10 Schritte rückwärts

10 Sprünge auf dem linken Bein

10 Sprünge auf dem rechten Bein

5 Was passt zusammen?

Mülleimer m

7 m | 1 m | 14 m

3 m | 2 m | 4 m

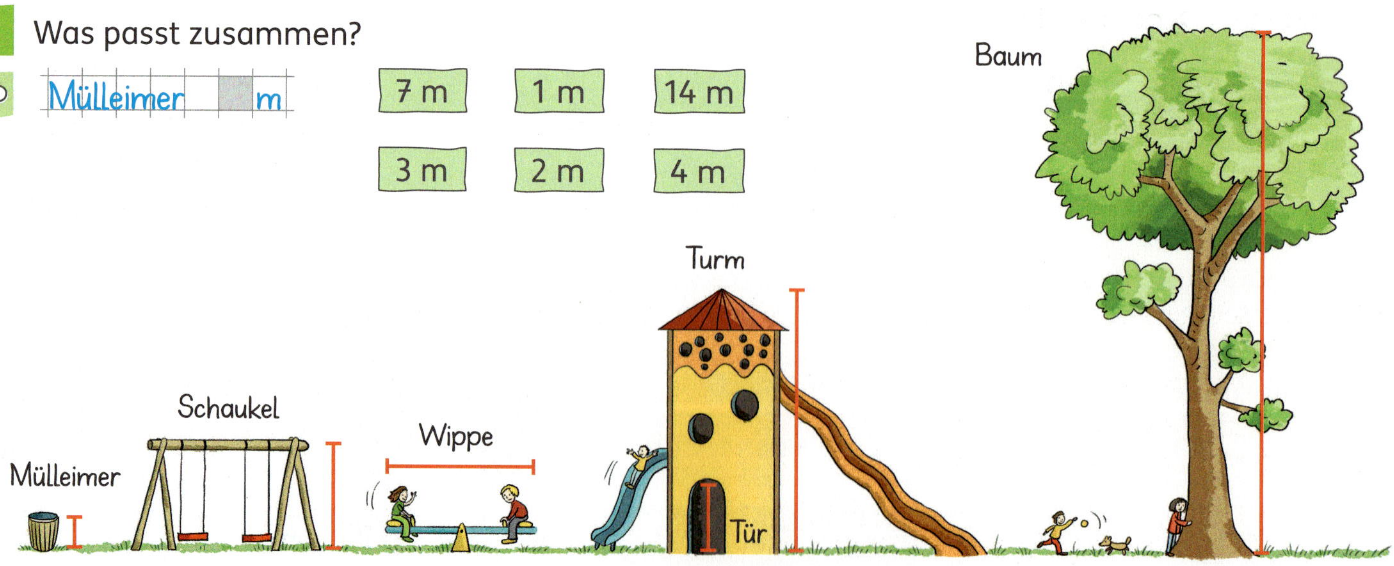

1 Meter als standardisierte Maßeinheit kennenlernen. **2** Eine Meterschnur zum Messen herstellen. Gegenstände mit ca. 1 m Länge finden und als Repräsentanten festhalten. **3** Längen schätzen und messen (KV). **4** Weitere Längen im Meterbereich messen. **5** Größenvorstellungen im Meterbereich festigen.

KV 47

1

Lehrertisch ___ m ___ cm

Tür (breit)	Schrank (hoch)
Tür (hoch)	Schrank (breit)
Tisch (hoch)	___

!
1 Meter = 100 Zentimer
1 m = 100 cm

a) Miss die Länge von Gegenständen im Klassenraum.
b) Ordne die Gegenstände nach ihrer Länge.

2

a) Was passt zusammen? Begründe.
b) Ordne die Dinge nach der Länge.

1 m 96 cm | 3 m 5 cm | 27 cm | 1 m 53 cm

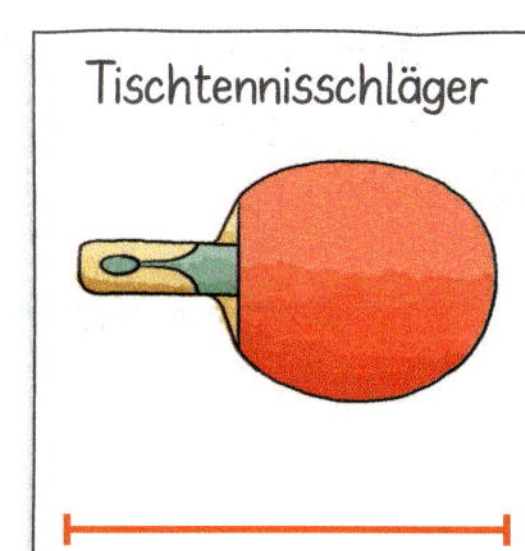

3

Setze <, > oder = ein.

a)	b)	c)
4 cm ◯ 3 cm	2 m 16 cm ◯ 3 m 16 cm	8 m 37 cm ◯ 8 m 12 cm
7 cm ◯ 9 cm	5 m 44 cm ◯ 1 m 78 cm	1 m 95 cm ◯ 1 m 94 cm
12 cm ◯ 12 cm	3 m 25 cm ◯ 2 m 19 cm	6 m 6 cm ◯ 6 m 60 cm
8 cm ◯ 5 cm	4 m 81 cm ◯ 4 m 81 cm	9 m 23 cm ◯ 9 m 32 cm

4

Wie viele Meter und Zentimeter sind es?

a)	b)
2 m + 40 cm	2 m 54 cm + 4 cm
3 m + 22 cm	3 m 47 cm + 6 cm
6 m + 75 cm	5 m 3 cm + 7 cm
5 m + 6 cm	1 m 32 cm + 9 cm
8 m + 18 cm	4 m 99 cm + 1 cm

5

Ergänze auf einen Meter.

60 cm	30 cm	98 cm	74 cm
13 cm	8 cm	6 cm	2 cm

60 cm + ___ cm = 1 m

Zentimeter und Millimeter

1

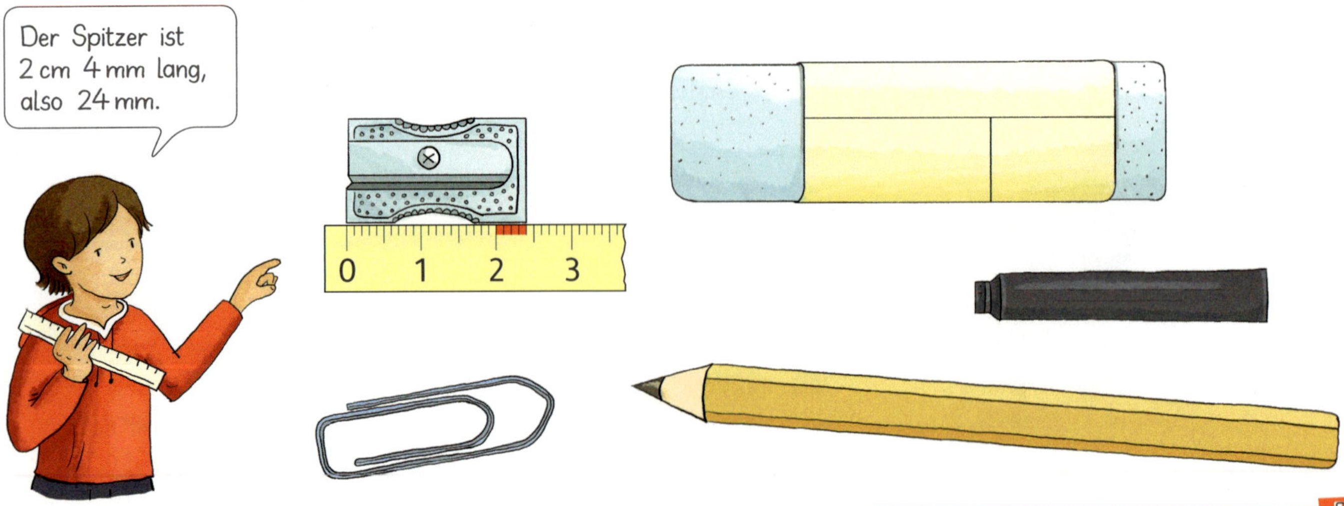

a) Miss die Länge der Gegenstände. Schreibe so:

Spitzer: 2 cm 4 mm = 24 mm

b) Ordne die Gegenstände nach ihrer Länge.

1 Zentimeter = 10 Millimeter
1 cm = 10 mm

ca 1 mm   10 mm

2 a) Miss die Länge jeder Strecke.

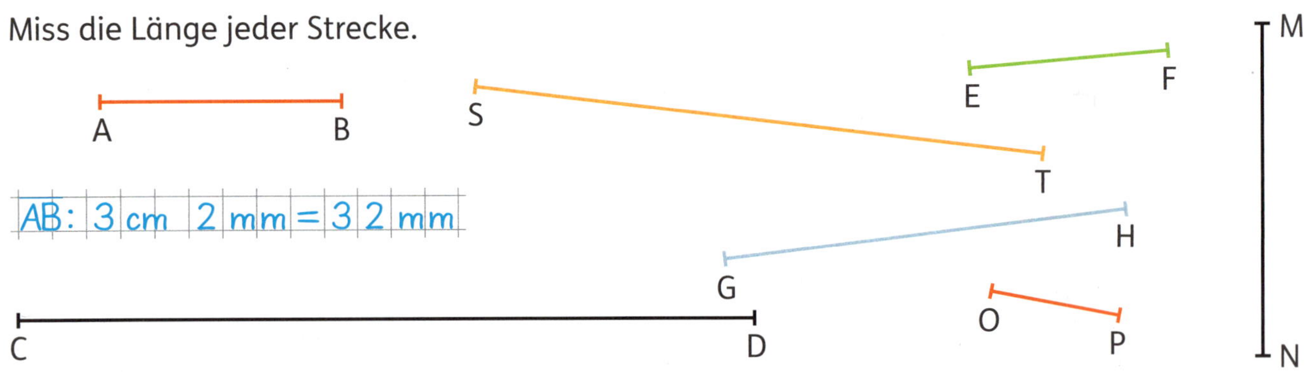

AB: 3 cm 2 mm = 32 mm

b) Zeichne Strecken mit den Längen 4 cm, 3 cm 7 mm, 8 cm 2 mm, 45 mm, 68 mm.

3 Wie viele Millimeter sind es?

a)	b)
2 cm	2 cm 4 mm
7 cm	3 cm 7 mm
5 cm	5 cm 3 mm
9 cm	8 cm 5 mm
10 cm	1 cm 9 mm

4 Ergänze zum nächsten vollen Zentimeter.

14 mm	28 mm	36 mm	72 mm
55 mm	93 mm	1 mm	69 mm

14 mm + ☐ mm = 2 cm

5 Kann das stimmen? Begründe.

a) Paul hat seinen Radierer gemessen: Er ist 55 mm lang.
b) Unser Lehrer Herr Kuhn ist 1 m 82 cm groß.
c) Die Klassenzimmertür ist 98 mm hoch.
d) Jonas kommt mit 2 Schritten 7 m weit.
e) Berits Fuß ist 19 cm lang.

1, 2 Millimeter als standardisierte Maßeinheit kennenlernen. Längen messen und auch in gemischter Schreibweise mit Zentimeter und Millimeter angeben. **5** Aussagen über Längenangaben auf Plausibilität prüfen.

1

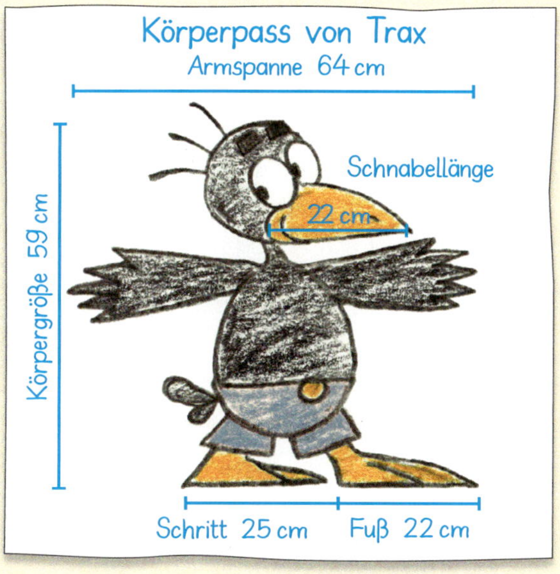

So erstellt ihr euren Körperpass:
- Male ein Bild von dir.
- Messt gegenseitig eure Körpermaße.
- Welche Körpermaße könnt ihr messen, die Trax nicht gemessen hat?
- Schreibe deine Körpermaße zu deinem Bild.

2 Vergleicht eure Körpermaße.
Wer hat ...

- die kleinste Körpergröße?
- die größte Körpergröße?
- die kleinste Armspanne?
- die größte Armspanne?
- die kleinste Schrittlänge?
- die größte Schrittlänge?
- die kleinste Hand?

3 Welche Körpergrößen gibt es in eurer Klasse?
Legt eine Strichliste an.

Körpergröße	
bis 1 m 10 cm	
1 m 11 cm bis 1 m 15 cm	
1 m 16 cm bis 1 m 20 cm	
1 m 21 cm bis 1 m 25 cm	
1 m 26 cm bis 1 m 30 cm	
1 m 31 cm bis 1 m 35 cm	
über 1 m 35 cm	

a) Welche Größen gibt es am häufigsten?
b) Welche Größen gibt es nur selten oder gar nicht?

4 Welche Schuhgrößen gibt es in eurer Klasse?
Erstellt eine Strichliste.
Jedes Kind stellt seine Füße auf ein Blatt Papier und zeichnet die Umrisse nach.
Die Fußlängen werden von A nach B in cm und mm gemessen.

Fußlänge

links: cm mm
rechts: cm mm

Schuhgröße:

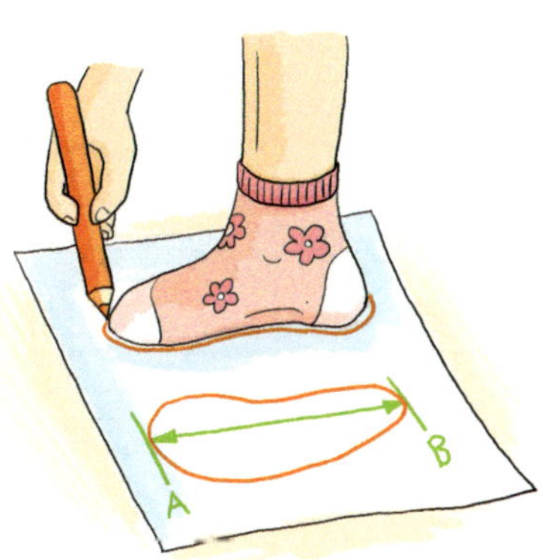

Fußlänge bis	Größe
15 cm	24
15 cm 6 mm	25
16 cm 3 mm	26
16 cm 8 mm	27
17 cm 5 mm	28
18 cm 2 mm	29
18 cm 8 mm	30
19 cm 5 mm	31
20 cm 2 mm	32
20 cm 8 mm	33
21 cm 5 mm	34
22 cm 2 mm	35

1 Einen individuellen Körperpass erstellen, in dem wichtige Körpermaße in Zentimeter und Meter eingetragen sind (KV). **2, 3** Körpermaße vergleichen und Schlüsse zur Körpergröße von Zweitklässlern ziehen.

Mit Formen knobeln

1 Knack den Tresor.

Legeregel:
Es gibt 4 Formen:

In jeder Reihe, in jeder Spalte und in jedem 2 x 2-Quadrat liegt jede Form genau einmal.

2

3

4

1–4 In den 4 × 4-Rastern die fehlenden Formen so ergänzen, dass in jeder Reihe, jeder Spalte und in jedem 2 × 2-Quadrat jede Form genau einmal vorkommt (KV).

AH 38 **KV** 51 303–304

1

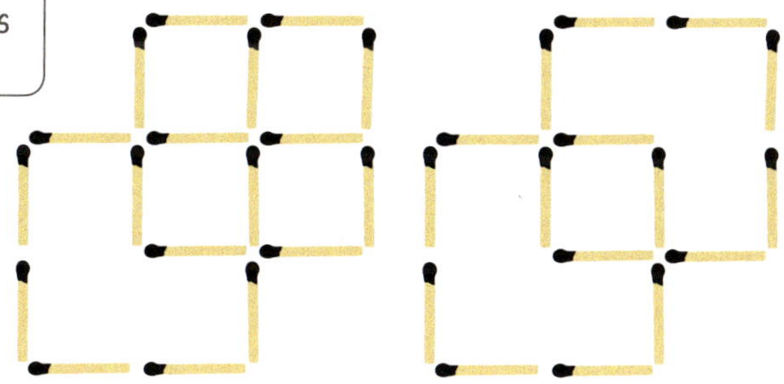

2

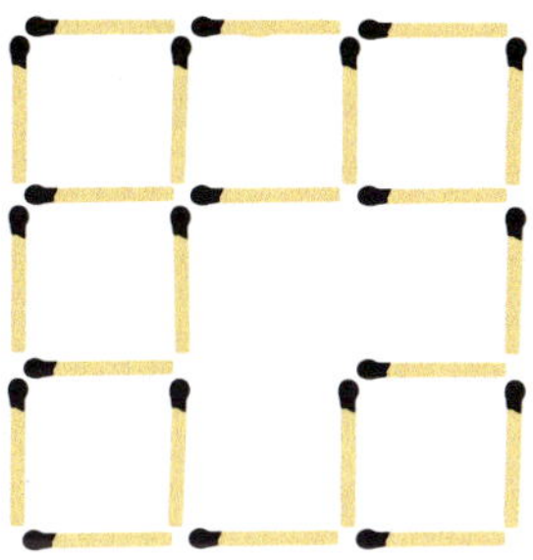

a) ___ Quadrate

b) Nimm 2 weg. Es bleiben 7 Quadrate.

c) Nimm 2 weg. Es bleiben 5 Quadrate.

3

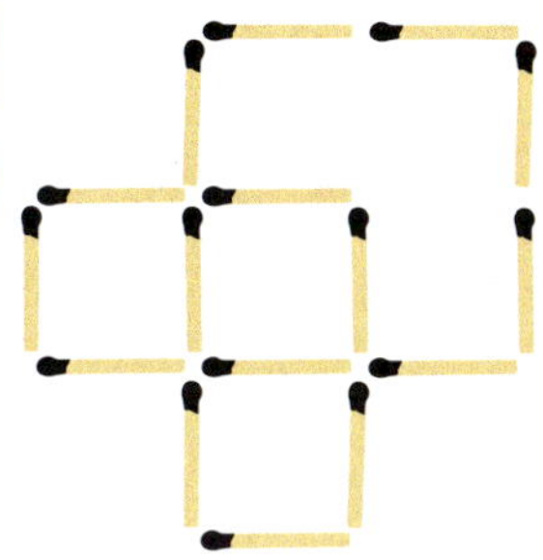

a) ___ Quadrate

b) Lege 4 dazu. Es sind 9 Quadrate.

c) Lege 4 dazu. Es sind 7 Quadrate.

4

a) ___ Quadrate

b) Lege 2 um. Es sind 6 Quadrate.

c) Lege 2 um. Es sind 9 Quadrate.

5

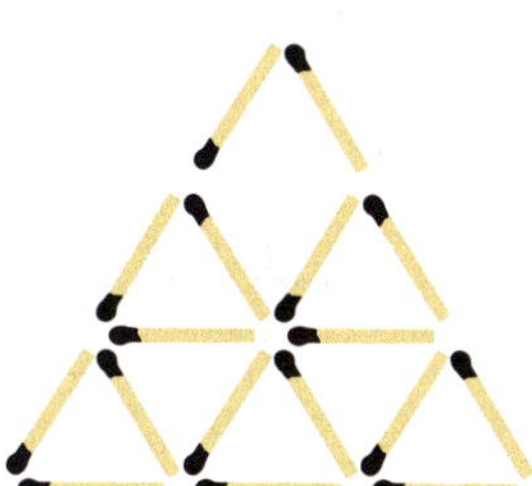

a) ___ Dreiecke

b) Nimm 2 weg. Es bleiben 6 Dreiecke.

c) Nimm 2 weg. Es bleiben 5 Dreiecke.

6

a) ___ Dreiecke

b) Lege 2 dazu. Es sind 6 Dreiecke.

c) Lege 2 dazu. Es sind 5 Dreiecke.

7

a) ___ Dreiecke

b) Lege 2 um. Es sind 6 Dreiecke.

c) Lege 2 um. Es sind 7 Dreiecke.

1–7 Mit Streichhölzern die Figuren nachlegen, Dreiecke (Quadrate) zählen und notieren. Durch Wegnehmen, Hinzufügen oder Umlegen Lösungen finden und ggf. Lösungen auf Papier aufkleben. Bei einigen Aufgaben gibt es mehr als eine Lösung.

AH 39 KV 52–53

1 32 34

a)	b)	c)	d)	e)
32 + 3	72 + 4	28 + 6	45 + 8	92 + 2 + 5
41 + 8	61 + 7	35 + 7	56 + 5	81 + 3 + 1
33 + 6	63 + 3	37 + 7	44 + 7	91 + 2 + 4
31 + 6	70 + 0	27 + 9	57 + 6	82 + 1 + 6
43 + 4	61 + 3	38 + 8	49 + 6	83 + 0 + 4
35 37 39 45 47 49	64 66 68 70 74 76	34 36 38 42 44 46	51 53 55 61 63 65	85 87 89 95 97 99

2 33 35

a)	b)	c)	d)	e)
35 − 4	67 − 3	33 − 7	72 − 7	89 − 4 − 2
48 − 7	66 − 0	43 − 9	63 − 6	97 − 1 − 3
39 − 6	76 − 4	32 − 8	75 − 8	88 − 5 − 2
38 − 3	69 − 7	40 − 8	76 − 7	99 − 0 − 4
49 − 4	78 − 2	34 − 6	65 − 6	88 − 3 − 1
31 33 35 37 41 45	62 64 66 70 72 76	22 24 26 28 32 34	57 59 61 65 67 69	81 83 84 92 93 95

3 36

a)	b)	c)	d)
36 + a = 41	m + 9 = 60	62 − f = 59	r − 7 = 56
72 + b = 80	n + 4 = 51	74 − g = 69	s − 9 = 69
26 + c = 32	o + 5 = 63	32 − h = 26	t − 8 = 59
49 + d = 52	p + 7 = 55	96 − i = 87	u − 9 = 65
86 + e = 93	q + 6 = 62	44 − k = 36	v − 6 = 58
3 4 5 6 7 8	46 47 48 51 56 58	2 3 5 6 8 9	63 64 67 70 74 78

4 39

a)

24 + 30	+
20 + 10	
+	84

b)

30 + 39	+
10 + 20	
+	99

c)

20 + 40	+
15 +	
+	95

d)

+	57 +
+ 20	30
+ 50	

5 40 41

a)	b)	c)	d)
28 + 11	51 + 25	56 − 23	89 − 37
32 + 15	33 + 41	64 − 43	94 − 52
14 + 21	14 + 54	49 − 24	78 − 34
21 + 16	42 + 36	86 − 55	87 − 31
25 + 24	22 + 44	54 − 31	99 − 45
35 37 39 45 47 49	64 66 68 74 76 78	21 23 25 31 33 35	42 44 46 52 54 56

6 50 Miss die Länge jeder Strecke. Zeichne sie dann in dein Heft.

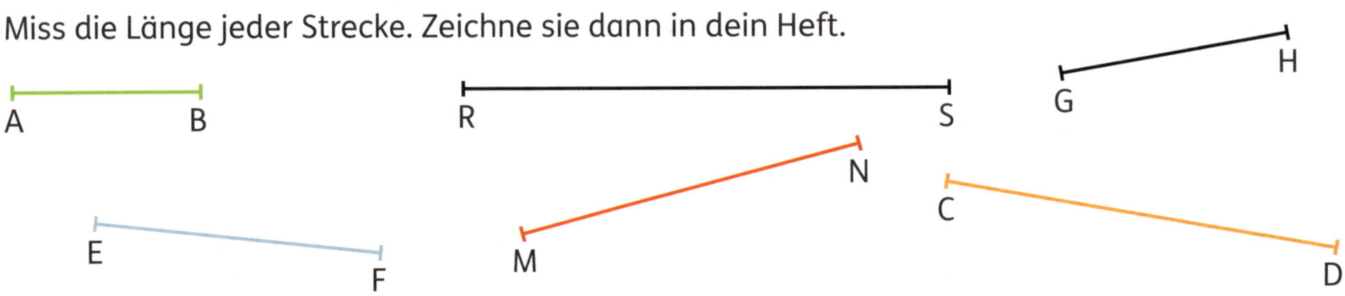

1–6 Wiederholung des aktuellen Stoffes.

AH 40 **KV** 42–43, 107–109

1 Lege die Figur aus. Finde unterschiedliche Möglichkeiten.

26 27

gesamt	

2 a) Zeichne die Muster ab.

29

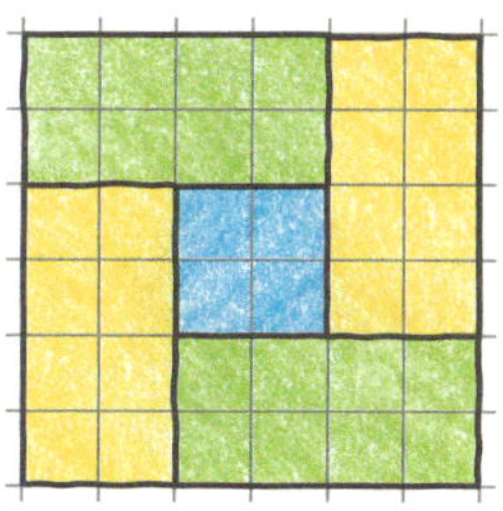

b) Zeichne das Bandmuster ab. Setze es fort.

3

23

V	↓	N
23	24	25
	46	
	68	
	79	
	90	

V	↓	N
33		
		48
59		
		71
88		

NZ	↓	NZ
10	12	20
	67	
	36	
	79	
	54	

NZ	↓	NZ
	41	
	29	
	78	
	17	
	95	

4 Welche Frage kannst du jeweils beantworten? Entscheide, löse und antworte.

13

a)

Wie viel Geld muss Jule bezahlen?
Wie viel Geld bekommt Jule zurück?

b)

Wann beginnt der Film?
Wie viel Geld bekommt Louis zurück?

1–4 Sicherung des Basiswissens.

Zueinander parallele Geraden

1

2

a) Falte ein Blatt Papier wie Ina. Zeichne zueinander parallele Faltkanten mit derselben Farbe nach.
b) Zeige im Klassenzimmer Gegenstände mit zueinander parallelen Kanten.
c) Lege 2 Stifte so hin, dass sie parallel zueinander sind.
d) Zeichne mit dem Lineal auf Gitterpapier Linien nach, die parallel zueinander sind.
e) Zeichne mit dem Geodreieck zueinander parallele Geraden.
f) Zeichne eigene Muster mit zueinander parallelen Geraden auf ein weißes Blatt Papier.

3

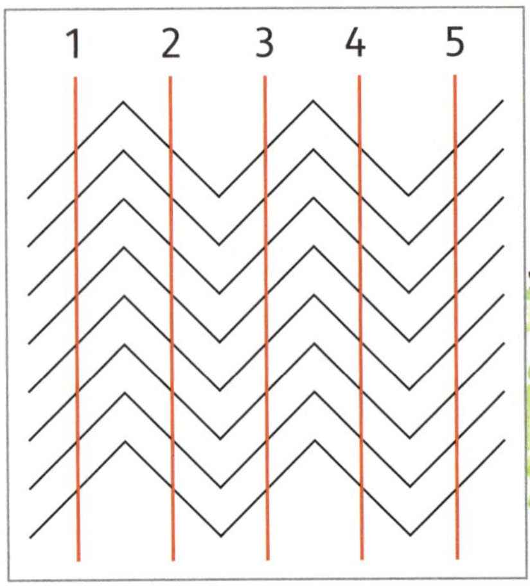

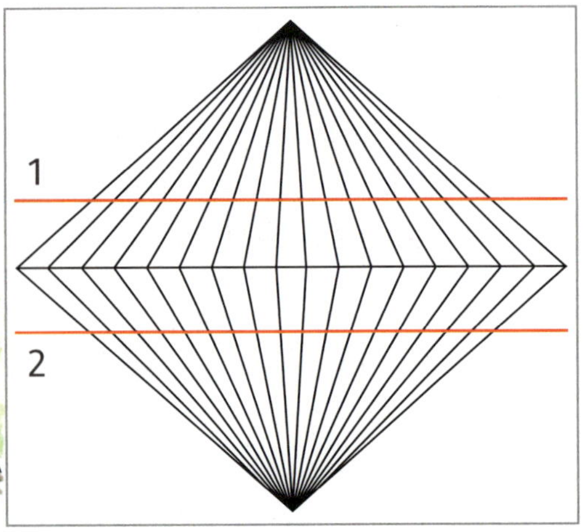

Einführung von „zueinander parallel“ als geometrischen Grundbegriff. **3** Angeben, welche der Geraden parallel zueinander sind. Prüfen mit dem Geodreieck.

AH 41 **KV** 54–57

1

2

a) Falte ein Blatt Papier wie Ina. Zeichne zueinander senkrechte Faltkanten mit derselben Farbe nach.
b) Zeige im Klassenzimmer Gegenstände mit zueinander senkrechten Kanten. Prüfe mit dem Faltwinkel.
c) Lege 2 Stifte so hin, dass sie senkrecht zueinander sind.
d) Zeichne mit dem Lineal auf Gitterpapier Linien nach, die senkrecht zueinander sind.
e) Zeichne mit dem Geodreieck zueinander senkrechte Geraden.
f) Zeichne eigene Muster mit zueinander senkrechten Geraden auf ein weißes Blatt Papier.

3

a) Welche Figuren haben zueinander senkrechte Strecken? Prüfe mit dem Faltwinkel oder dem Geodreieck.
b) Zeichne die Figuren mit zueinander senkrechten Strecken auf Gitterpapier.

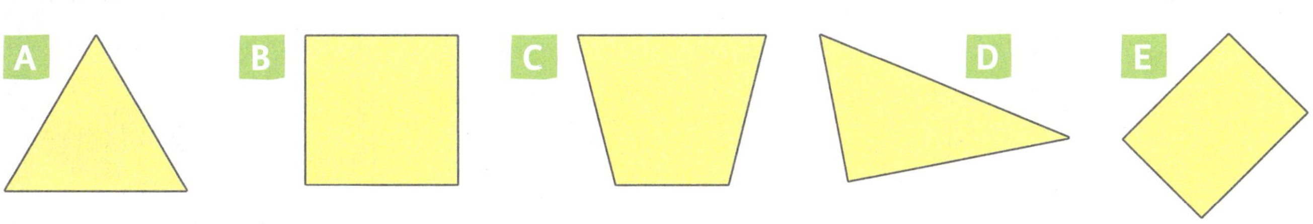

Einführung von „zueinander senkrecht" und „rechter Winkel" als geometrische Grundbegriffe.

1

a) Welche Vierecke haben rechte Winkel?
b) Welche Vierecke haben sogar 4 rechte Winkel?

2 Miss jeweils die Länge jeder Seite dieser Rechtecke.
Was stellst du fest?

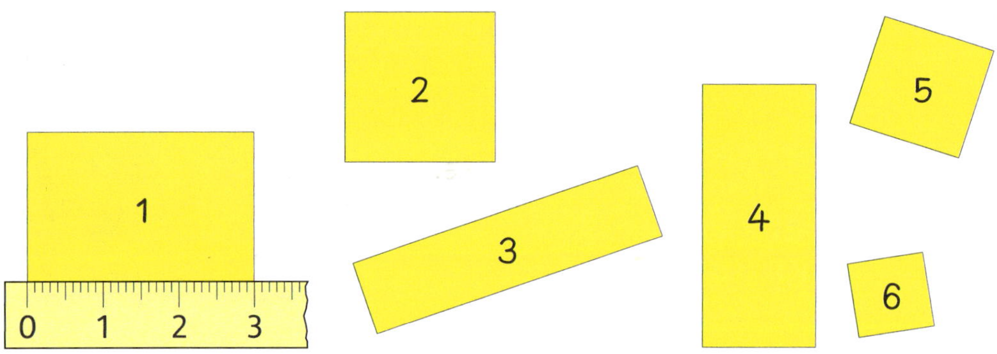

3 a) Lege mit Plättchen nach. Wie viele Rechtecke benötigst du dazu?

b) Lege mit Plättchen verschieden große Rechtecke und Quadrate.
c) Zeichne verschieden große Rechtecke und Quadrate auf Gitterpapier.

4 Spanne auf dem Geobrett:

a) verschiedene Rechtecke, die keine Quadrate sind.
Wie viele findest du? Zeichne.

b) verschiedene Quadrate.
Wie viele findest du? Zeichne.

1–3 Eigenschaften von Rechtecken und Quadraten erkennen, Quadrat als besonderes Rechteck erfassen. **4** Geobretter auch auf 9 oder 16 Nägel eingrenzen, zum Zeichnen KV nutzen.

AH 42 **KV** 54–57 305–309

1

a) Es gibt mehrere Möglichkeiten, einen Kreis zu zeichnen. Probiere und vergleiche.
b) Suche kreisförmige Gegenstände in deiner Umwelt.

2

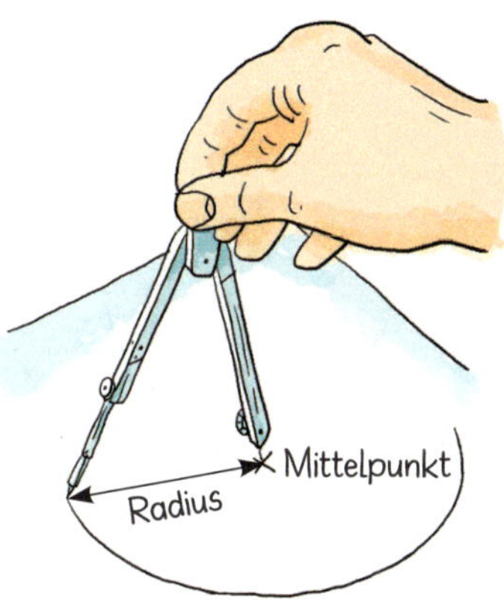

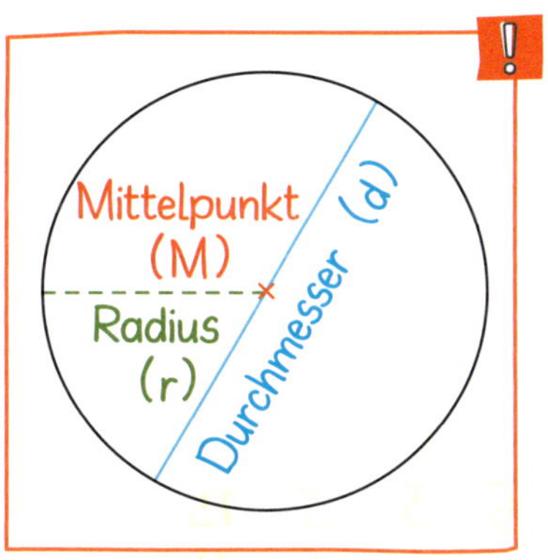

a) Zeichne Kreise mit einem Radius von 4 cm, 6 cm, 5 cm und 2 cm Länge. Wie groß ist jeweils der Durchmesser?

b) Zeichne 4 Kreise. Dein Partner misst, wie groß ihr Radius ist.

c) Zeichne 4 Kreise mit demselben Mittelpunkt. Bestimme jeweils, wie groß der Radius ist.

3 Zeichne mit dem Zirkel Muster aus Kreisen.

a)

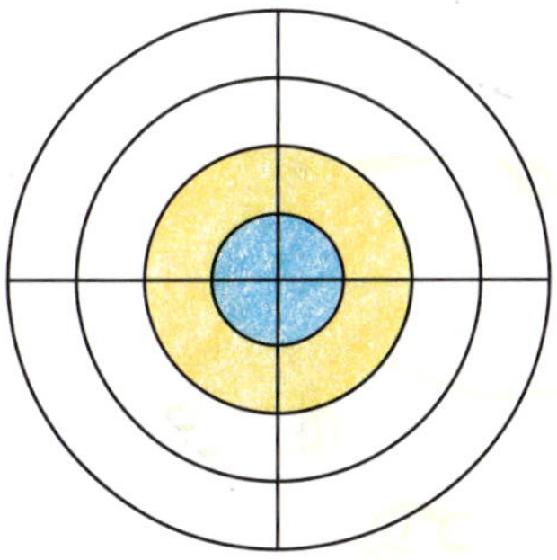

b)

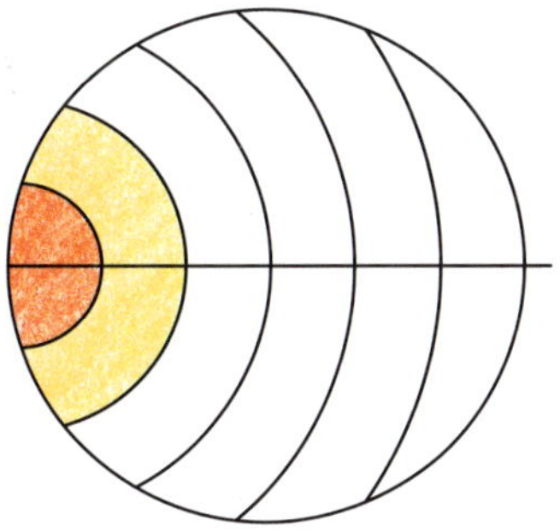

c)

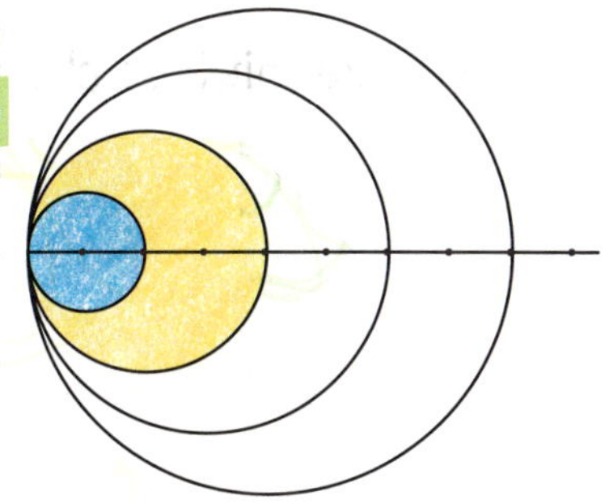

4 Zeichne ab. Bestimme jeweils den Radius.

a)

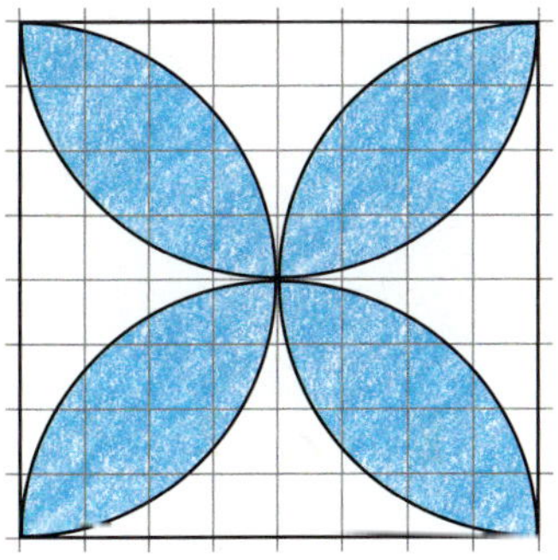

b)

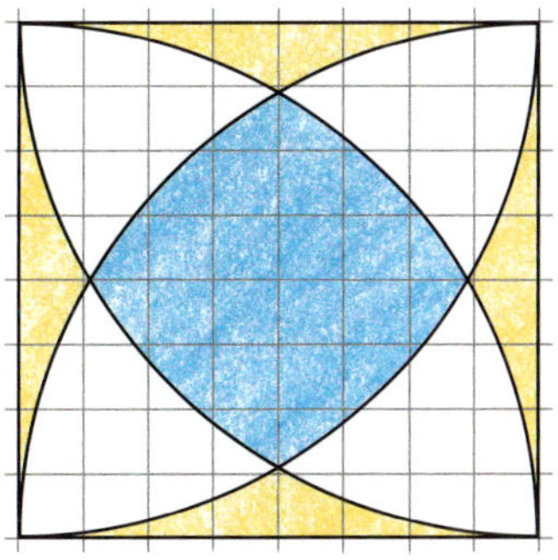

1 Zeichnen von Kreisen mit verschiedenen Gegenständen. 2 Einführung geometrischer Grundbegriffe: Mittelpunkt, Radius, Durchmesser. Zeichnen von Kreisen mit dem Zirkel.

AH 43 311

1

3 + 3 + 3 + 3 = 12
4 · 3 = 12
mal

Multiplikation

multiplizieren

2

5 + 5 + 5 = 15
5 · 5 = 15

3

▢ + ▢ = ▢
▢ · ▢ = ▢

4

▢ + ▢ + ▢ = ▢
▢ · ▢ = ▢

Zu den Bildfolgen erzählen. Multiplikationsaufgaben zum zeitlich-sukzessiven Aspekt über Additionsaufgaben ableiten und notieren. In Rollenspielen weitere Situationen darstellen und Multiplikationsaufgaben notieren. Begriffe einführen.

AH 44 203

1 Schreibe Additions- und Malaufgaben.

a)

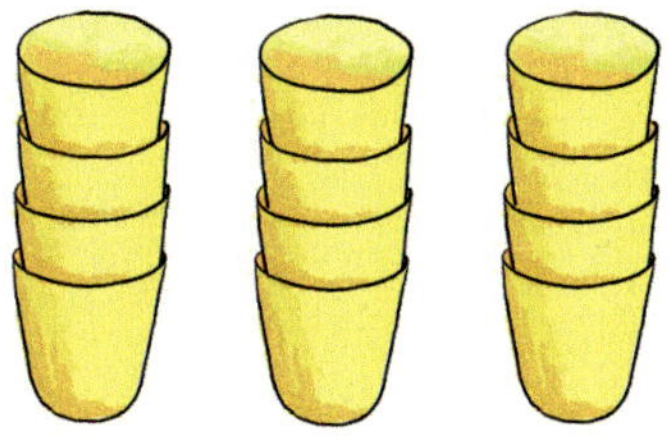

4 + 4 + 4 = 12
3 · 4 = 12

b)

7 + 7 = 14
2 · 7 = 14

c)

4 + 4 + 4 + 4 = 16
4 · 4 = 16

d)

3 + 3 + 3 = 9
3 · 3 = 9

e)

6 + 6 + 6 = 18
3 · 6 = 18

f)

1 + 1 + 1 + 1 = 4
4 · 1 = 4

2 Finde Malaufgaben. Schreibe zu jeder Malaufgabe auch die Additionsaufgabe.

1–2 Multiplikationsaufgaben zum räumlich-simultanen Aspekt über Additionsgleichungen ableiten und notieren.

AH 44 203

1

2 Welche Aufgaben siehst du? Schreibe auf und rechne.

a) 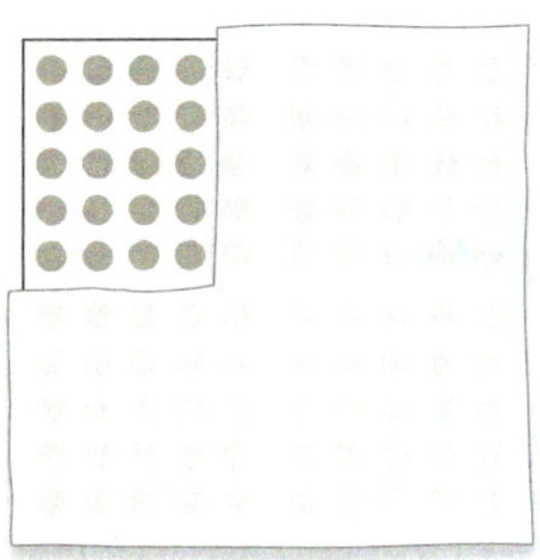
b) 
c) 
d) 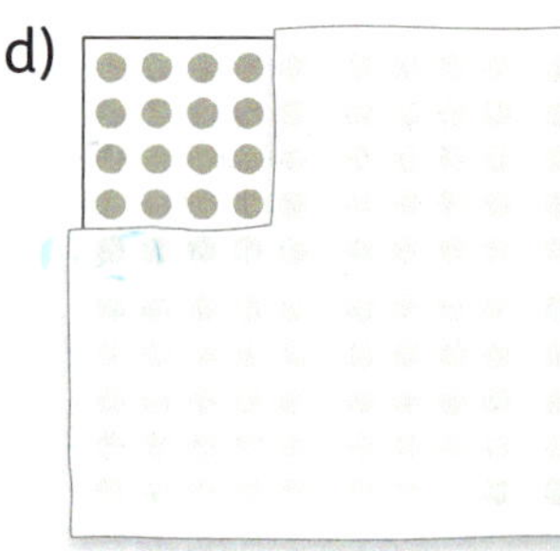

e) 
f) 
g) 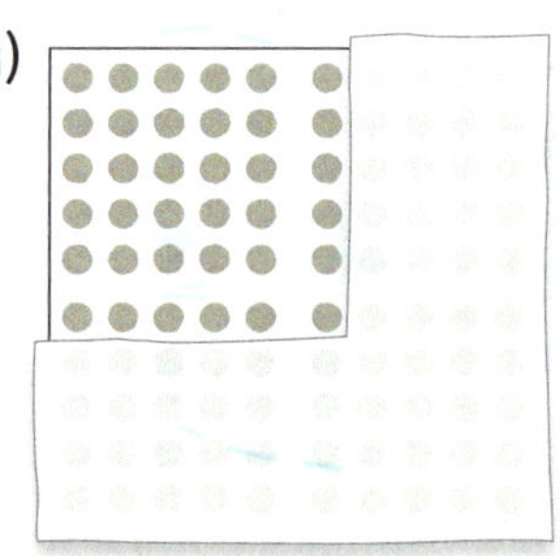
h) 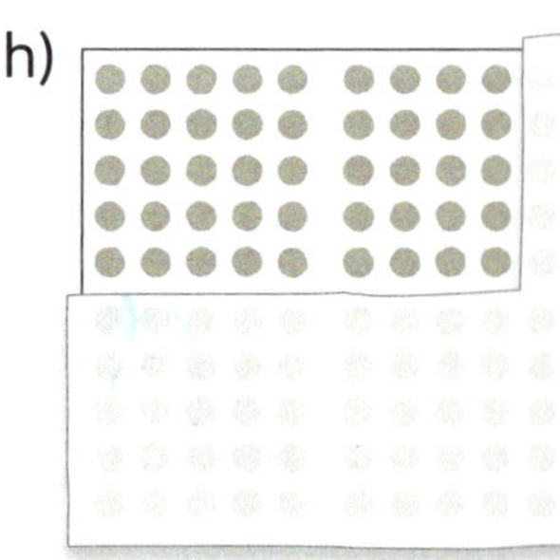

3 Zeigt am Hunderterfeld und rechnet.

2 · 7	4 · 9	5 · 5
3 · 10	8 · 1	7 · 6
9 · 3	10 · 2	5 · 8
2 · 8	3 · 5	6 · 1

4 Zeichne zu jeder Aufgabe ein Punktebild. Rechne.

4 · 6

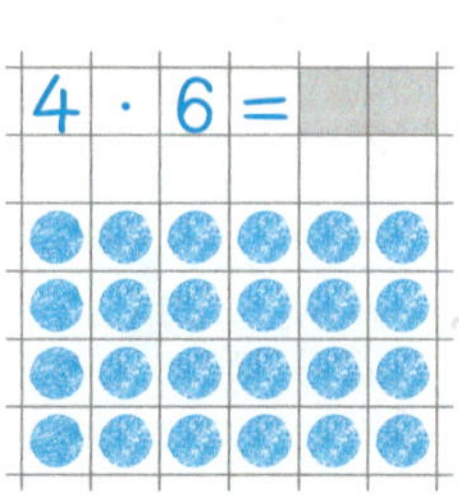

6 · 3	5 · 2
7 · 4	4 · 4
10 · 1	1 · 8
4 · 5	3 · 7

1 Darstellung von Multiplikationsaufgaben am Hunderterfeld und durch Punktebilder kennenlernen. **2–3** Aufgaben am Hunderterfeld erkennen, zeigen und rechnen. Abdeckwinkel nutzen (KV). **4** Punktebilder zu Multiplikationsaufgaben zeichnen.

1

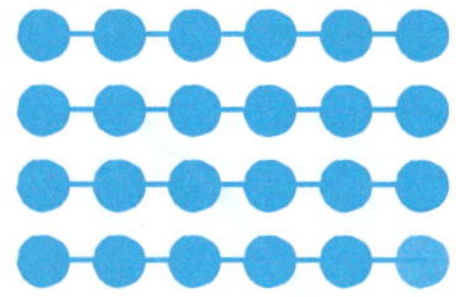

$4 \cdot 6 = 24$

$6 \cdot 4 = 24$

Faktor Faktor Produkt

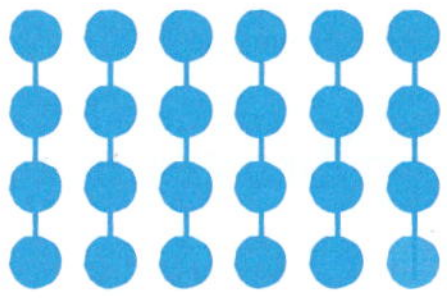

Faktoren kann man vertauschen. Das Produkt bleibt gleich.

2 Rechne immer 2 Malaufgaben.

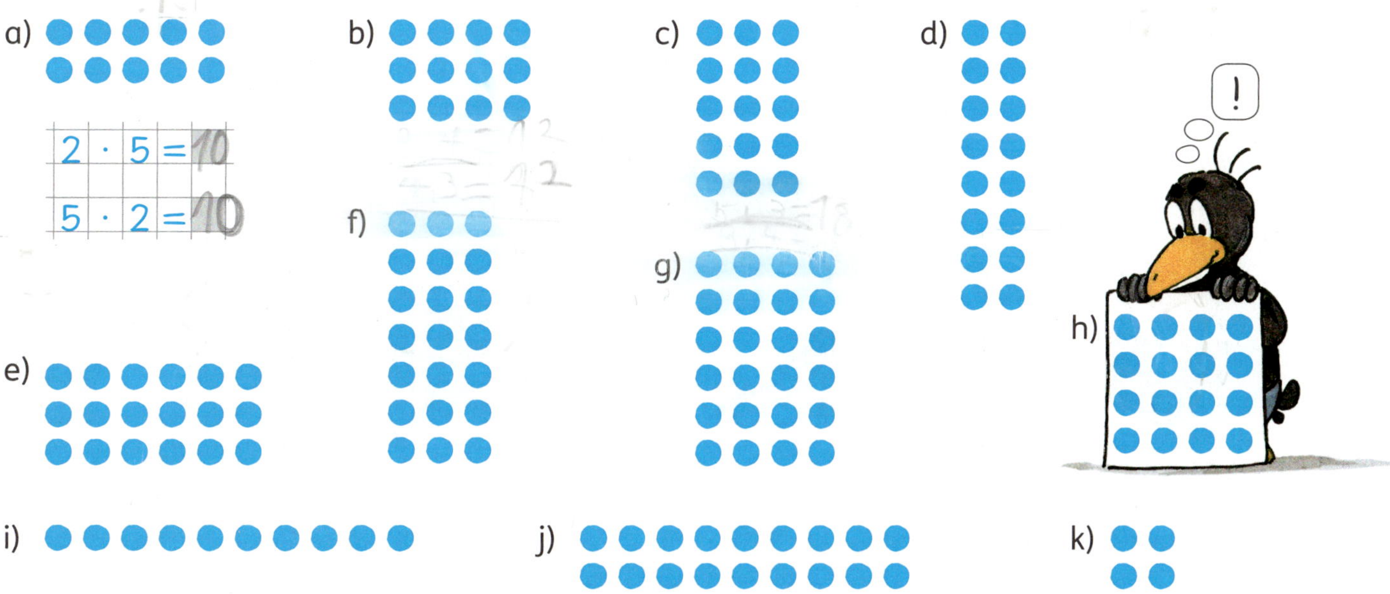

3 Zeichne ein Punktebild. Rechne Aufgabe und Tauschaufgabe.

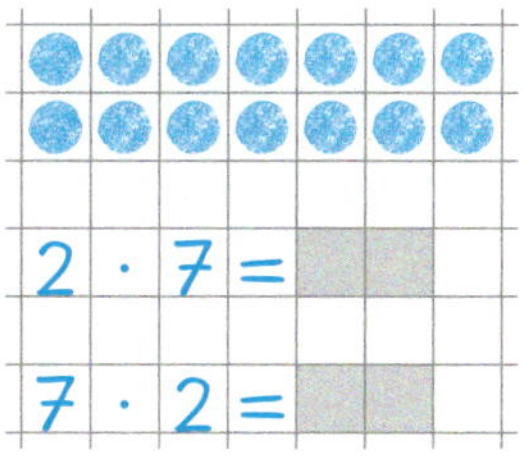

a) 2	b) 4	c) 3	d) 10	e) 5	f) 7
7	2	3	1	5	4
g) 9	h) 1	i) 3	j) 0	k) 11	l) 2
3	6	10	8	2	14

1 Darstellung von zwei verschiedenen Seiten betrachten. Aufgabe und Tauschaufgabe erfassen.

AH 46 204

Aufteilen

1 Wie viele Bahnen werden gebraucht?

12 : 4 = 3
geteilt durch

Division

dividieren

2 a) Immer 5 Schwimmbretter in ein Fach.

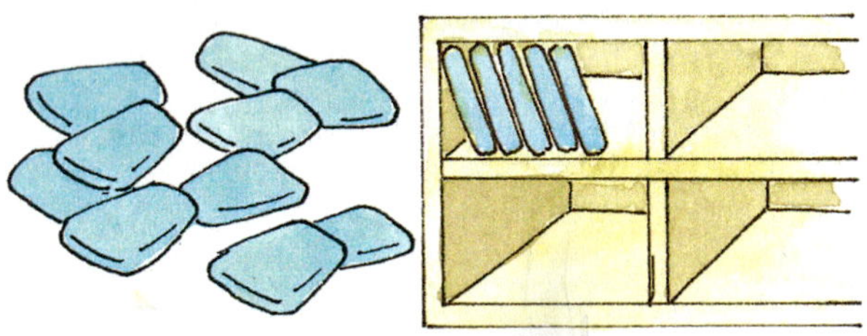

15 : 5 = 3

Es werden 3 Fächer gebraucht.

b) Immer 4 Tauchringe an eine Stange.

16 : 4 = 4

Es werden 4 Stangen gebraucht.

3 a) Immer 3 Bälle in ein Netz.

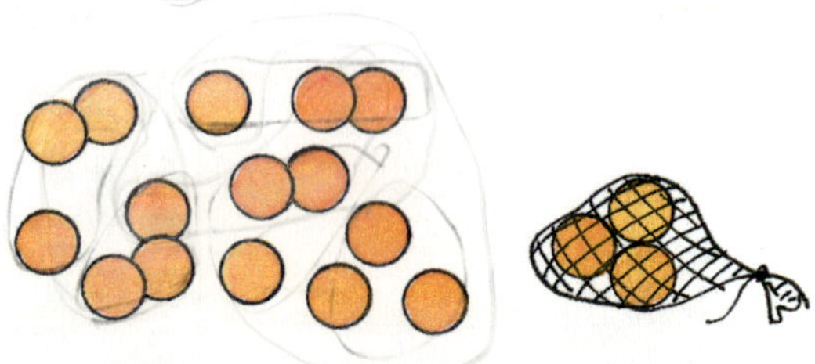

18 : 3 = 6

Es werden 6 Netze gebraucht.

b) Immer 6 Schwimmnudeln zusammen.

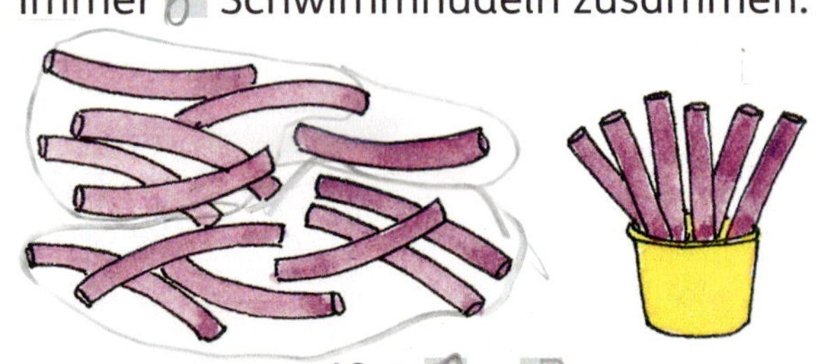

18 : 6 = 3

Es werden 3 Eimer gebraucht.

4 a) Immer 2 Schwimmärmel zusammen.

8 : 2 = 4

Es werden 4 Bänder gebraucht.

b) Immer 8 Tauchstäbe in eine Schachtel.

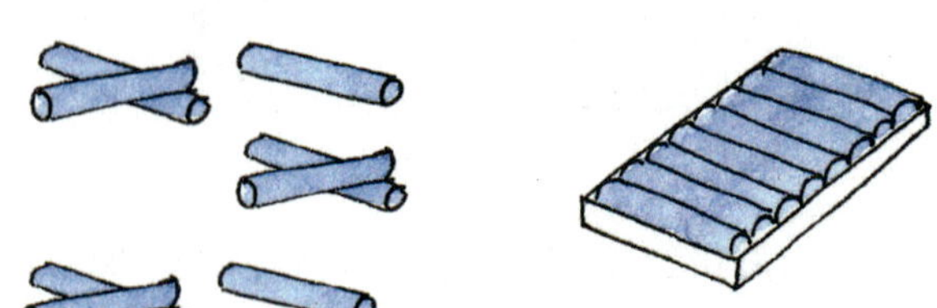

16 : 8 = 2

Es werden 2 Schachteln gebraucht.

1–4 Einführung der Division: Aufteilen sowie Sprech- und Schreibweise kennenlernen. Rechengeschichten erzählen.

1

2 Lege und rechne.

a) 20 : 5
20 : 2

10 : 5
10 : 2

b) 16 : 2
16 : 4

8 : 2
8 : 4

c) 18 : 2
18 : 3

6 : 2
6 : 3

d) 0 : 7
7 : 7

0 : 5
5 : 5

3 Zeichne, kreise ein und rechne.

12 : 2

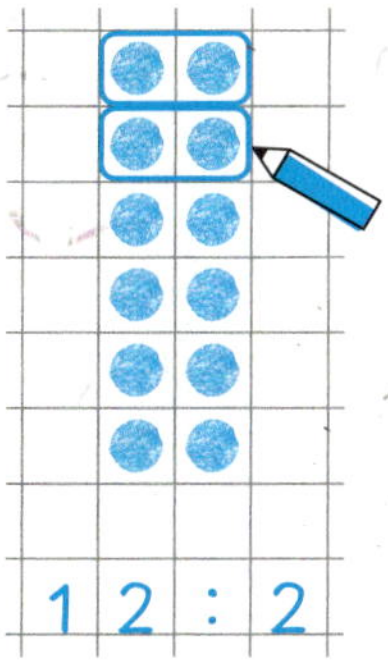

12 : 3 12 : 4

15 : 5 9 : 3

18 : 6 18 : 9

20 : 5 20 : 10

4

Sina hat 8 Plättchen. Welche Reihen kann sie legen?

Nils hat 9 Plättchen. Welche Reihen kann er legen?

Paul hat 16 Plättchen.

Luisa-Marie hat 24 Plättchen.

Valentino hat 13 Plättchen.

Amelie hat 17 Plättchen.

5 a) Zum Spielnachmittag kommen weniger als 20 Kinder.
Zuerst werden 3er-Gruppen gebildet.
Kein Kind bleibt übrig. Auch wenn später 4er-Gruppen gebildet werden, bleibt kein Kind übrig.
Erst bei 5er-Gruppen sind 2 Kinder übrig.
Wie viele Kinder sind es?

b) Amelie stellt fest: In unserer Klasse sind 26 Kinder.
Die Anzahl der Mädchen lässt sich durch 4 teilen und die Anzahl der Jungen durch 5.
Wie viele Mädchen und Jungen sind in der Klasse?

1–3 Aufteilen durch Legen mit Plättchen oder Zeichnen von Punkten im Gitterraster üben. **5** Hilfe beim Lösen: Probieren mit Plättchen.

Verteilen

1 Wie viele Muffins bekommt jedes Kind?

10 : 5 = ☐ !

2 a)

15 : 3 = ☐

b)

14 : 2 = ☐

3 a)

☐ : ☐ = ☐

b)

☐ : ☐ = ☐

c) Kannst du die Kekse von a) und b) noch anders gleichmäßig verteilen?
Schreibe Rechnungen.

4 Lege Plättchen und verteile.

a)	b)	c)
12 : 1	18 : 1	24 : 8
12 : 2	18 : 2	24 : 6
12 : 3	18 : 3	24 : 4
12 : 4	18 : 6	24 : 3
12 : 6	18 : 9	24 : 2
2 3 4	2 3 4	1 3 4
5 6 12	6 9 18	6 8 12

5 Verteile 32 Spielkarten ...

32 : 4 = ☐

a) an 4 Kinder.
b) an 2 Kinder.
c) an 8 Kinder.
d) an 16 Kinder.

Verteilen als weiteres Vorstellungsbild der Division erfassen.

1

!

15 : 3 = ☐

☐ · 3 = 15

Umkehraufgabe

2

a)

18 : 6 = ☐

☐ · 6 = ☐

b)

9 : 3 = ☐

☐ · 3 = ☐

c)

☐ : 5 = ☐

☐ · 5 = ☐

d)

☐ : 2 = ☐

☐ · 2 = ☐

3 Lege und rechne.

a)

24 : 4 = ☐

☐ · ☐ = ☐

b)

☐ : ☐ = ☐

☐ · ☐ = ☐

c)

☐ : ☐ = ☐

☐ · ☐ = ☐

d)

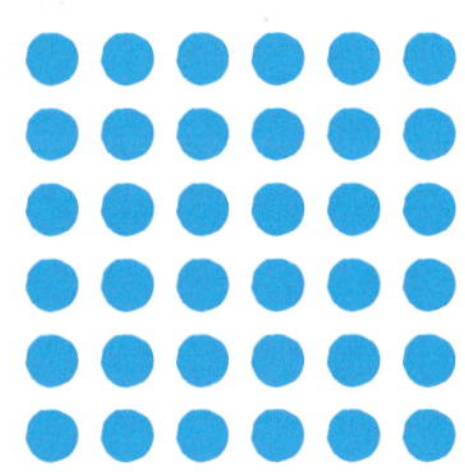

☐ : ☐ = ☐

☐ · ☐ = ☐

4 Zeichne Punktebilder und rechne. Kontrolliere mit der Umkehraufgabe.

20 : 5

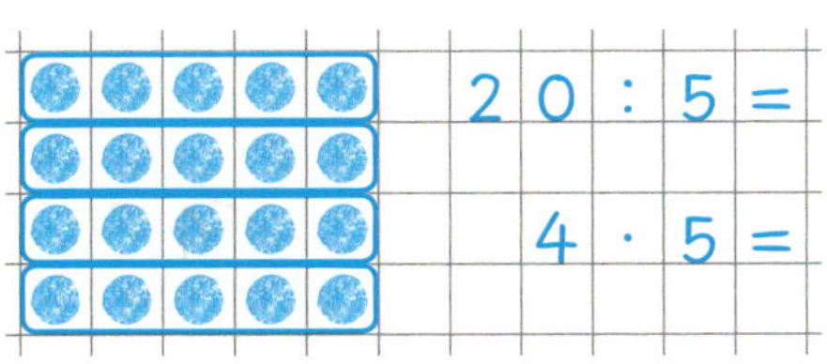

12 : 3 | 16 : 2 | 14 : 7

20 : 4 | 16 : 8 | 14 : 2

35 : 5 | 36 : 4 | 6 : 6

Aufgabenfamilien

1 12 Kinder stellen sich zum Wettkampf auf.

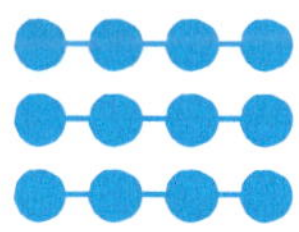

$3 \cdot 4 = 12$
$4 \cdot 3 = 12$
$12 : 4 = 3$
$12 : 3 = 4$

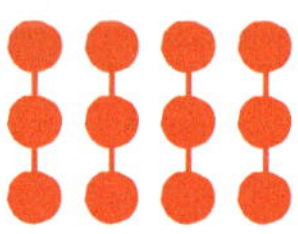

! Aufgabenfamilie

2 Schreibe zu jedem Punktebild die Aufgabenfamilie.

a) 

28
4 7

$4 \cdot 7 = 28$
$7 \cdot 4 = 28$
$28 : 7 =$
$28 : 4 =$

b) 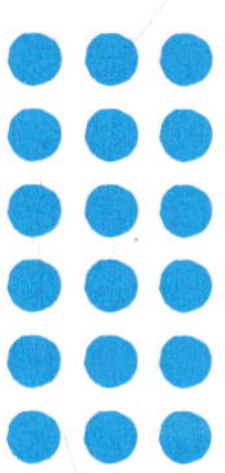

c) 

d) 

e) 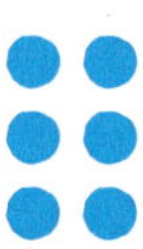

f) 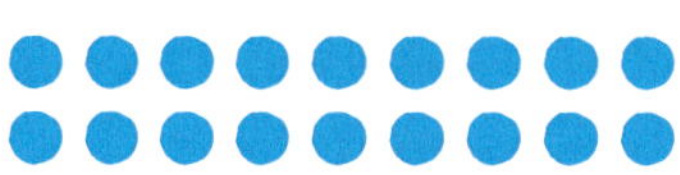

g) 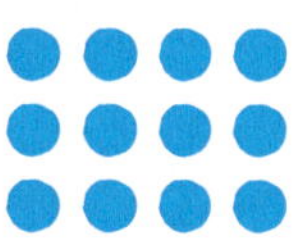

h) 

i) 

3 Schreibe Aufgabenfamilien.

20
4 5

$4 \cdot \square = \square$
$5 \cdot \square = \square$
$\square : 5 = \square$
$\square : 4 = \square$

a) 20; 4 5

b) 12; 6 2

c) 18; 6 3

d) 16; 4 4

e) ▢; 5 3

f) 21; ▢ 7

g) 6; ▢ 2

h) ▢; ▢ ▢

1 Sachsituation nachspielen und vier zusammengehörige Aufgaben ableiten. **2** Aus den Punktebildern Aufgabenfamilien ableiten. **3** Zu einer Aufgabe die anderen Aufgaben einer Familie finden (KV nutzen).

AH 50 **KV** 60 – 61

1

3 · 1 = 3 3 · 0 = 0

5 · 1 = 5 5 · 0 = 0

2 Rechne auch die Tauschaufgabe.

6·1	1·2	2·0
6 · 1 = 1 · 6 =	0·1	1·3
	4·1	0·6
1·9	5·0	1·8
3·0	7·1	9·0

3

0 · 1	0 · 0
1 · 1	1 · 0
2 · 1	2 · 0
3 · 1	3 · 0
4 · 1	4 · 0
5 · 1	5 · 0
6 · 1	6 · 0
7 · 1	7 · 0
8 · 1	8 · 0
9 · 1	9 · 0
10 · 1	10 · 0

4

a)	b)	c)
3 + 1	2 − 0	1 + 1
3 + 0	2 + 0	1 + 0
3 · 1	2 · 1	1 · 1
3 · 0	2 · 0	1 · 0
3 : 1	2 : 1	1 : 1

d)	e)	f)
4 + 1	5 + 0	6 − 1
4 + 0	5 + 1	6 − 0
4 · 1	5 · 1	6 · 1
4 · 0	5 · 0	6 · 0
4 : 1	5 : 1	6 : 1

5

a)	b)
7 + 0 = 7	0 + 8 = 8
7 − 7 = 0	8 − 8 = 0
7 · 1 = 7	1 · 8 = 8
7 · 0 = 0	0 · 8 = 0
7 : 1 = 7	8 : 1 = 8

c)	d)
9 + 0 = 9	0 · 0 = 0
9 − 9 = 0	0 · 8 = 0
9 · 1 = 9	0 · 9 = 0
0 · 9 = 0	0 : 10 = 0
9 : 1 = 9	0 : 1 = 0

3–5 Aufgaben mit 0 werden häufig falsch gelöst. Sensibilisiert man jedoch die Schüler für dieses Problem, vor allem in Abgrenzung zum Rechnen mit 1, können zukünftige Fehler eher vermieden werden.

1 Wie viele Packungen? Wie viele Eier?

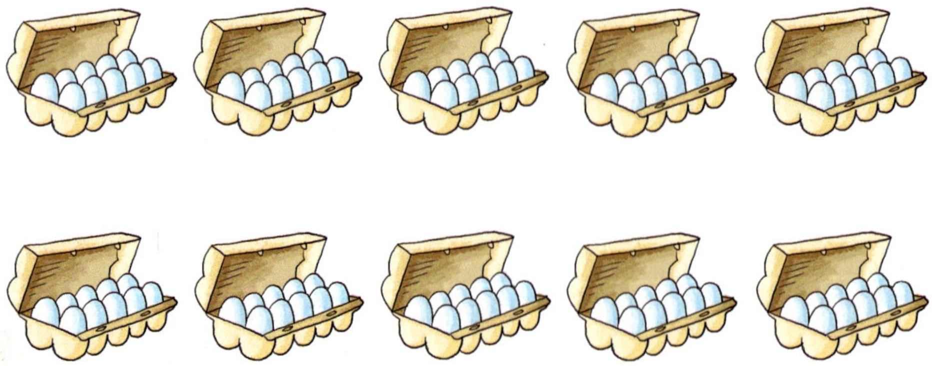

2 a)

1 · 10	3 · 10	0 · 10
2 · 10	6 · 10	4 · 10
5 · 10	9 · 10	7 · 10
10 · 10	8 · 10	6 · 10

b)

▢ · 10 = 20	▢ · 10 = 60
▢ · 10 = 50	▢ · 10 = 90
▢ · 10 = 10	▢ · 10 = 80
▢ · 10 = 100	▢ · 10 = 70

c)

10 · 5	10 · 4	10 · 6
10 · 2	10 · 8	10 · 9
10 · 10	10 · 0	10 · 7
10 · 1	10 · 3	10 · 8

d)

10 · ▢ = 50	10 · ▢ = 20
10 · ▢ = 30	10 · ▢ = 60
10 · ▢ = 70	10 · ▢ = 40
10 · ▢ = 80	10 · ▢ = 90

3 a)

20 : 10	60 : 10	70 : 10
50 : 10	30 : 10	80 : 10
10 : 10	40 : 10	90 : 10
100 : 10	0 : 10	50 : 10

b)

30 : ▢ = 3	70 : ▢ = 7
20 : ▢ = 2	60 : ▢ = 6
50 : ▢ = 5	90 : ▢ = 9
40 : ▢ = 4	80 : ▢ = 8

4 Zeige die Malaufgaben mit 10 auf der 1 · 1 Tafel.

·	0	1	2	3	4	5	6	7	8	9	10
0	0	0	0	0	0	0	0	0	0	0	0
1	0	1	2	3	4	5	6	7	8	9	10
2	0	2									
3	0	3									
4	0	4									
5	0	5									
6	0	6									
7	0	7									
8	0	8									
9	0	9									
10	0	10									

1–2 Die Ergebnisse des Einmaleins mit 10 erarbeiten und einprägen. Kernaufgaben hervorheben. **4** Einmaleinstafel einführen (KV), Aufgaben lesen; 1 · 1 Tafel auf dem Umschlag nutzen.

AH 52 **KV** 63–64 207–208, 225–226

1 Wie viele Hände? Wie viele Finger?

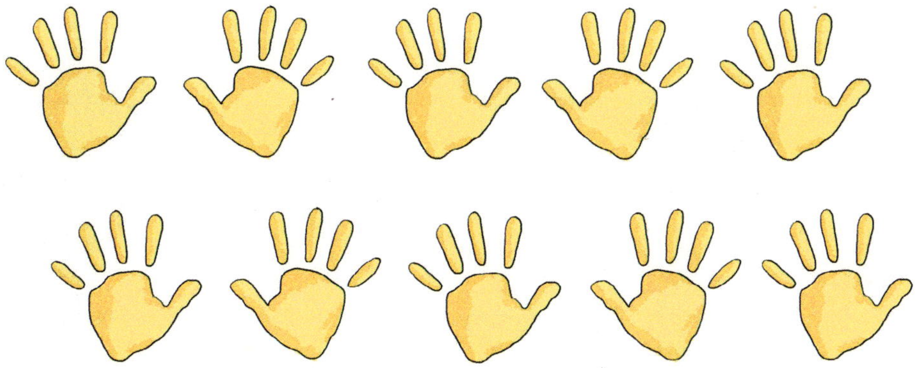

0 · 5
1 · 5
2 · 5
3 · 5
4 · 5
5 · 5
6 · 5
7 · 5
8 · 5
9 · 5
10 · 5

2

a) 1 · 5	3 · 5	4 · 5	b) ▢ · 5 = 10		▢ · 5 = 30
2 · 5	6 · 5	8 · 5	▢ · 5 = 20		▢ · 5 = 40
5 · 5	9 · 5	7 · 5	▢ · 5 = 50		▢ · 5 = 45
10 · 5	0 · 5	9 · 5	▢ · 5 = 25		▢ · 5 = 35
c) 5 · 2	5 · 4	5 · 7	d) 5 · ▢ = 5		5 · ▢ = 15
5 · 5	5 · 8	5 · 9	5 · ▢ = 50		5 · ▢ = 40
5 · 1	5 · 3	5 · 0	5 · ▢ = 35		5 · ▢ = 30
5 · 10	5 · 6	5 · 8	5 · ▢ = 40		5 · ▢ = 45

3 Schreibe die Fünferzahlen auf:

a) vorwärts 0, 5, 10

b) rückwärts 50, 45, 40

4

a) 5 : 5	20 : 5	40 : 5	b) 10 : ▢ = 2	20 : ▢ = 4
10 : 5	15 : 5	0 : 5	25 : ▢ = 5	30 : ▢ = 6
25 : 5	30 : 5	45 : 5	50 : ▢ = 10	40 : ▢ = 8
50 : 5	35 : 5	10 : 5	0 : ▢ = 0	35 : ▢ = 7

5 a)

b)

Einmaleins mit 2

1 Wie viele Paar Schuhe? Wie viele einzelne Schuhe?

0 · 2
1 · 2
2 · 2
3 · 2
4 · 2
5 · 2
6 · 2
7 · 2
8 · 2
9 · 2
10 · 2

2 a)

1 · 2	3 · 2	4 · 2
2 · 2	6 · 2	8 · 2
5 · 2	9 · 2	7 · 2
10 · 2	0 · 2	9 · 2

b)

__ · 2 = 4	__ · 2 = 6
__ · 2 = 10	__ · 2 = 14
__ · 2 = 2	__ · 2 = 18
__ · 2 = 20	__ · 2 = 16

c)

2 · 2	2 · 4	2 · 6
2 · 1	2 · 0	2 · 7
2 · 5	2 · 8	2 · 9
2 · 10	2 · 3	2 · 8

d)

2 · __ = 20	2 · __ = 8
2 · __ = 10	2 · __ = 16
2 · __ = 6	2 · __ = 0
2 · __ = 12	2 · __ = 14

3 Schreibe die Zweierzahlen auf:

a) vorwärts 0, 2, 4

b) rückwärts 20, 18, 16

4 a)

2 : 2	6 : 2	16 : 2
4 : 2	12 : 2	0 : 2
10 : 2	8 : 2	18 : 2
20 : 2	14 : 2	20 : 2

b)

4 : __ = 2	8 : __ = 4
10 : __ = 5	12 : __ = 6
20 : __ = 10	16 : __ = 8
2 : __ = 1	14 : __ = 7

5 a) Wie viele Einzelne sind es jeweils?

- 3 Paar Strümpfe
- 4 Paar Stiefel
- 6 Paar Flip-Flops
- 5 Paar Handschuhe
- 1 Paar Rollschuhe
- 7 Paar Turnschuhe
- 2 Paar Schwimmflossen
- 10 Paar Socken

b) Wie viele Paare sind es jeweils?

- 16 Schlittschuhe
- 2 Strümpfe
- 12 Socken
- 8 Wanderstiefel
- 18 Badeschuhe
- 10 Ohrringe
- 4 Stelzen
- 20 Brillengläser

1–2 Zusammenhang von Verdoppeln und Multiplizieren mit 2 und von Halbieren und Dividieren durch 2 herstellen. 2er-Reihe auf der 1 · 1 Tafel auf dem Umschlag zeigen.

AH 53 209–210, 227–228

21.4.

1 Versuche, für die Zahlen jeweils 2 gleich hohe Türme zu bauen.

gerade Zahlen	0, 2, 4, 6, ...
ungerade Zahlen	1, 3, 5, ...

2 a) Lege auf deiner Hundertertafel Plättchen auf die Zahlen von 1 bis 30:
- 🔴 gerade Zahlen
- 🔵 ungerade Zahlen.

b) Welche Zahlen sind gerade, welche sind ungerade? Schreibe.
32, 43, 51, 56, 64, 69, 75, 88, 90, 97

gerade: 32
ungerade: 43

3 Welche der verdeckten Zahlen sind gerade, welche sind ungerade?

●	2	3	4	5	6	●	8	9	10
11	●	13	14	15	16	17	●	19	20
21	22	●	24	25	26	27	28	●	30
31	32	33	●	35	36	●	38	39	●
41	42	43	44	●	46	47	48	49	50
51	52	53	54	55	●	57	58	59	60
●	62	63	●	65	66	●	68	69	70
71	●	73	74	75	76	77	●	79	80
81	82	●	84	85	86	87	88	●	90
91	92	93	●	95	96	97	98	99	●

4 Gerade oder ungerade?
Was fällt dir auf?

4 + 4 = 8

5 + 4 = 9

5 Bilde jeweils 2 Aufgaben. Das Ergebnis soll einmal gerade und einmal ungerade sein. Siehe Heft

24 + 26 = 50

50 + 10 = 60

24 + 2 = 26

24 + 3 = 27

31 + 11 = 42

29 − 19 =

40 − 9 = 31

16 − 9 = 7

Verdoppeln und halbieren nutzen

22.4.

1

2 a) Verdopple. Zeichne Punktebilder.

22.4. (je 3 Aufgaben)

2 · 5 = 10
↓
4 · 5 = 20

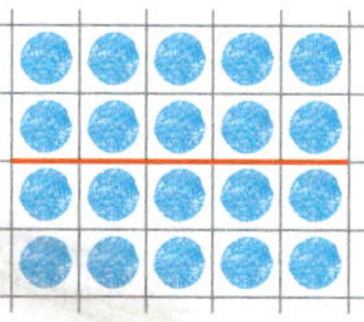

2 · 5	1 · 4	5 · 3	1 · 9
3 · 2	4 · 1	2 · 7	5 · 6

b) Halbiere. Zeichne Punktebilder.

4 · 6 = 24
↓
2 · 6 = 12

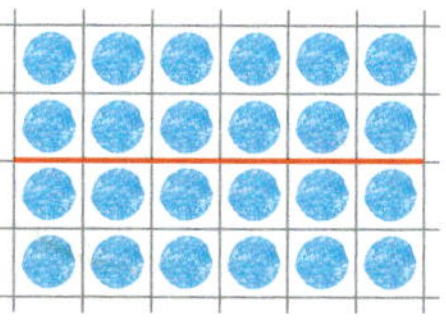

4 · 6	2 · 9	6 · 5	10 · 2
4 · 3	8 · 1	4 · 8	8 · 3

3 a) Verdopple.

2 · 5 4 · 5	1 · 3 2 · 3	2 · 1 4 · 1
4 · 5 8 · 5	2 · 3 4 · 3	4 · 1 8 · 1
3 · 5 6 · 5	4 · 3 8 · 3	5 · 1 10 · 1

b) Halbiere.

6 · 2 3 · 2	2 · 10 1 · 10	10 · 0 5 · 0
8 · 2 4 · 2	6 · 10 3 · 10	4 · 0 2 · 0
4 · 2 2 · 2	8 · 10 4 · 10	6 · 0 3 · 0

4

a) Jonas denkt sich eine Zahl. Sie ist das Doppelte von 3 · 5. 6 · 5

b) Mara denkt sich eine Zahl. Sie ist die Hälfte von 6 · 10. 3 · 10

c) Leo denkt sich eine Zahl. Sie ist das Zweifache von 4 · 5. 8 · 5

d) Erkan denkt sich eine Zahl. Sie ist das Doppelte vom Doppelten von 2 · 2. 8 · 2

e) Sanni denkt sich eine Zahl. Sie ist die Hälfte von der Hälfte von 8 · 5. 2 · 5

f) Erfinde auch eigene Zahlenrätsel. 11 · 5

Das Verdoppeln und Halbieren wird genutzt, um Multiplikationsaufgaben zu lösen.

1

23.4.

1 · 1 = 1 2 · 2 = 4 3 · 3 = 9 4 · 4 = 16

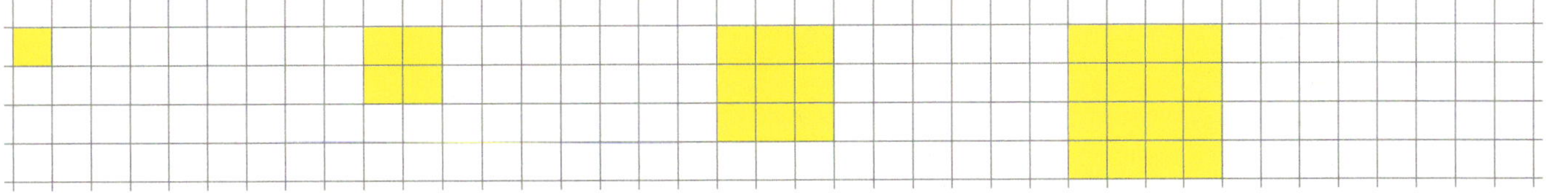

2

23.4. → KV 64

·	0	1	2	3	4	5	6	7	8	9	10
0	0										
1		1									
2			4								
3				9							
4					16						
5						25					
6							36				
7								49			
8									64		
9										81	
10											100

0 · 0
1 · 1
2 · 2
3 · 3
4 · 4
5 · 5
6 · 6
7 · 7
8 · 8
9 · 9
10 · 10

3 Rechne zuerst die Quadratzahlen aus, dann die anderen Aufgaben.

a) 3 · 3
4 · 3

b) 6 · 6
7 · 6

c) 5 · 5
6 · 5

d) 8 · 8
9 · 8

e) 4 · 4
5 · 4

f) 7 · 7
8 · 7

g) 2 · 3
3 · 3

h) 6 · 7
7 · 7

i) 5 · 6
6 · 6

j) 8 · 9
9 · 9

k) 3 · 4
4 · 4

l) 7 · 8
8 · 8

1 Mit Geo-Plättchen Quadrate legen. Alle Quadratzahlaufgaben erarbeiten, ins Heft schreiben und lösen.

Textaufgaben hinterfragen

1

Auf einer Geburtstagstorte brennen 10 Kerzen. 7 davon werden ausgeblasen.
Wie viele Kerzen bleiben übrig?

Hier muss man um die Ecke denken!

Ein Frühstücksei muss 5 Minuten kochen.
Wie lange müssen 3 Frühstückseier kochen?

Lies dir beide Aufgaben genau durch, bevor du sie löst.

2 In jeder Zeile kann man 2 Aufgaben lösen. Finde sie, löse und begründe.

a)

Hannas Schulweg ist nur 90 m weit.
Wie weit ist der Weg, wenn ihr Bruder mit ihr geht?

Frieda kann doppelt so weit werfen wie Jule.
Wie weit kann Frieda werfen?

Leon hat 4 Schwestern.
2 gehen schon in die Schule.
Wie viele Schwestern hat Leon?

b)

Die Drillinge Lukas, Julian und Finn sind zusammen 30 Jahre alt.
Wie alt ist Finn?

Herr Maier hat 4 Söhne.
Jeder hat eine Schwester.
Wie viele Kinder hat Herr Maier?

Die Kinder von Frau Müller sind 7 Jahre, 12 Jahre und 14 Jahre alt.
Wie alt ist Frau Müller?

c)

Clara hat sich 3 Kugeln Eis gekauft. Nach dem Bezahlen gab ihr der Verkäufer 1 € Rückgeld.
Wie teuer war das Eis?

Bauer Schmitt wirft 8 Heuhaufen und 7 Heuhaufen auf seinen Wagen.
Wie viele Heuhaufen hat er jetzt?

Zu Jans Kindergeburtstag kommen 4 Kinder.
Jans Mutter hat 13 Äpfel.
Was kann sie machen, damit jeder gleich viel bekommt?

d)

Uta sitzt in einem Boot auf dem Meer. Die Leine hängt 20 cm tief im Wasser.
Da die Flut kommt, steigt das Wasser um 1 m.
Wie tief hängt die Leine jetzt im Wasser?

In Leinheim wohnen 15 Jungen mehr als es Mädchen gibt.
9 Jungen haben einen Hund und 3 Mädchen haben eine Katze.
Wie viele Mädchen und wie viele Jungen wohnen in Leinheim?

Maja verteilt an Tim und Lars eine Dose mit 24 Murmeln.
Sie sagt: „Jeder soll gleich viele bekommen und trotzdem soll eine in der Dose bleiben!"
Wie müssen die Murmeln verteilt werden?

3 Erfinde selbst Aufgaben.
Schreibe sie auf Karteikarten.
Welche Aufgaben könnt ihr lösen?

1–2 Sachaufgaben hinterfragen. Kapitänsaufgaben finden. **3** Eigene Sachaufgaben schreiben und in einer Sachrechenkartei sammeln.

1 Betrachte den Kalender. Wie viele Tage haben die einzelnen Monate?

2017

Januar

Mo	Di	Mi	Do	Fr	Sa	So
						1
2	3	4	5	6	7	8
9	10	11	12	13	14	15
16	17	18	19	20	21	22
23	24	25	26	27	28	29
30	31					

Februar

Mo	Di	Mi	Do	Fr	Sa	So
		1	2	3	4	5
6	7	8	9	10	11	12
13	14	15	16	17	18	19
20	21	22	23	24	25	26
27	28					

März

Mo	Di	Mi	Do	Fr	Sa	So
		1	2	3	4	5
6	7	8	9	10	11	12
13	14	15	16	17	18	19
20	21	22	23	24	25	26
27	28	29	30	31		

April

Mo	Di	Mi	Do	Fr	Sa	So
					1	2
3	4	5	6	7	8	9
10	11	12	13	14	15	16
17	18	19	20	21	22	23
24	25	26	27	28	29	30

Mai

Mo	Di	Mi	Do	Fr	Sa	So
1	2	3	4	5	6	7
8	9	10	11	12	13	14
15	16	17	18	19	20	21
22	23	24	25	26	27	28
29	30	31				

Juni

Mo	Di	Mi	Do	Fr	Sa	So
			1	2	3	4
5	6	7	8	9	10	11
12	13	14	15	16	17	18
19	20	21	22	23	24	25
26	27	28	29	30		

Juli

Mo	Di	Mi	Do	Fr	Sa	So
					1	2
3	4	5	6	7	8	9
10	11	12	13	14	15	16
17	18	19	20	21	22	23
24	25	26	27	28	29	30
31						

August

Mo	Di	Mi	Do	Fr	Sa	So
	1	2	3	4	5	6
7	8	9	10	11	12	13
14	15	16	17	18	19	20
21	22	23	24	25	26	27
28	29	30	31			

September

Mo	Di	Mi	Do	Fr	Sa	So
				1	2	3
4	5	6	7	8	9	10
11	12	13	14	15	16	17
18	19	20	21	22	23	24
25	26	27	28	29	30	

Oktober

Mo	Di	Mi	Do	Fr	Sa	So
						1
2	3	4	5	6	7	8
9	10	11	12	13	14	15
16	17	18	19	20	21	22
23	24	25	26	27	28	29
30	31					

November

Mo	Di	Mi	Do	Fr	Sa	So
		1	2	3	4	5
6	7	8	9	10	11	12
13	14	15	16	17	18	19
20	21	22	23	24	25	26
27	28	29	30			

Dezember

Mo	Di	Mi	Do	Fr	Sa	So
				1	2	3
4	5	6	7	8	9	10
11	12	13	14	15	16	17
18	19	20	21	22	23	24
25	26	27	28	29	30	31

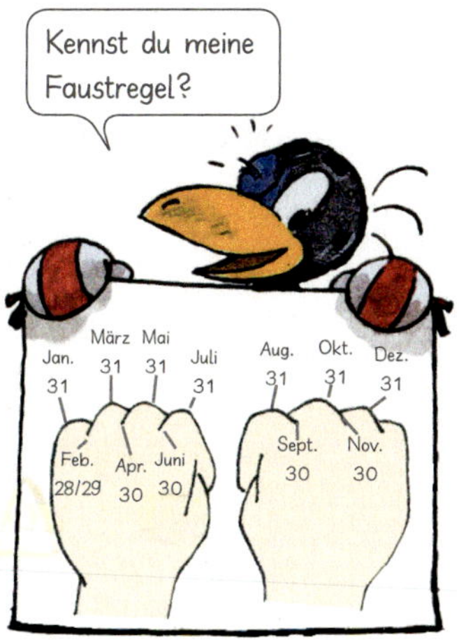

2 a) Besorge dir einen aktuellen Kalender. Welche Wochentage sind es?

Juli 21.

Juni 5.

April 13.

Februar 19.

November 27.

21. Juli: Fr...

Mai – Maifeiertag

Dezember – Heiligabend

Karfreitag

Herbstanfang

b) Schreibe das Datum der Kalenderblätter kürzer. Freitag, 21.7.

3 SCHULFERIEN

a) Färbe in einem Kalender alle Ferientage des Schuljahres.

b) Wann beginnen die nächsten Ferien? Wie viele Tage sind es bis dahin noch?

c) Schreibe für alle Ferien auf,
- wann sie beginnen,
- wann sie enden,
- wie viele Tage sie dauern.

d) In welchen Monaten sind keine Ferien? Welche Monate haben viele Ferientage?

e) Welche Ferien magst du am liebsten? Was machst du da besonders gern?

f) Welche Ferien passen zu diesen Bildern?

1 Jahreslauf am Kalender entdecken. Länge der Monate nennen. Faustregel kennenlernen und anwenden. **2** Wochentage in einem aktuellen Kalender (KV) finden und notieren. Verschiedene Schreibweisen anwenden. **3** Schulferien im Kalender einordnen, Anzahl der Ferientage bestimmen (KV).

AH 57 **KV** 66–68 271

1 Welches Zeichen steht für welche Zahl?

a)
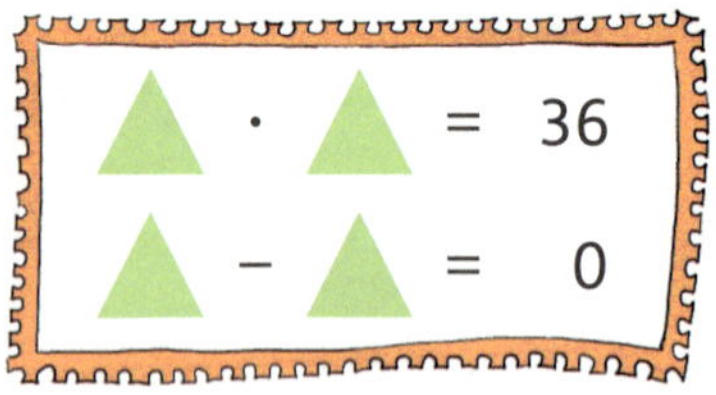

b)
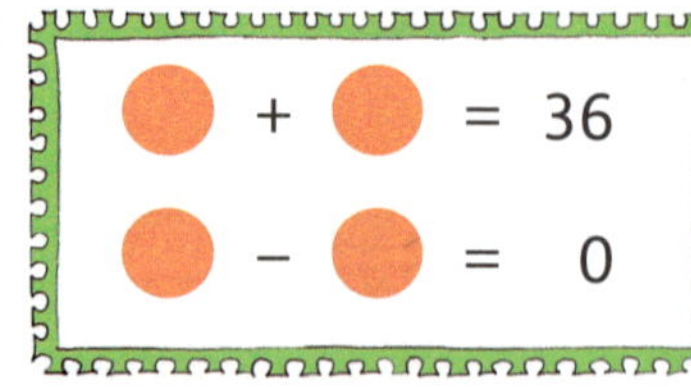

c)
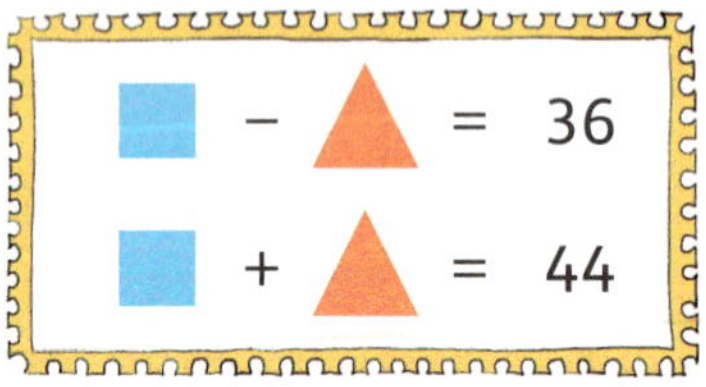

d)
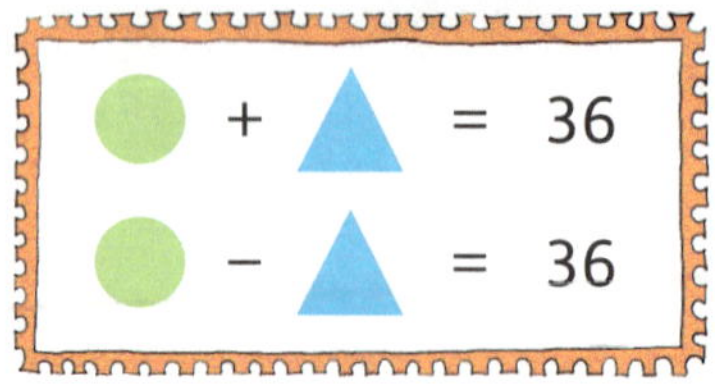

e)
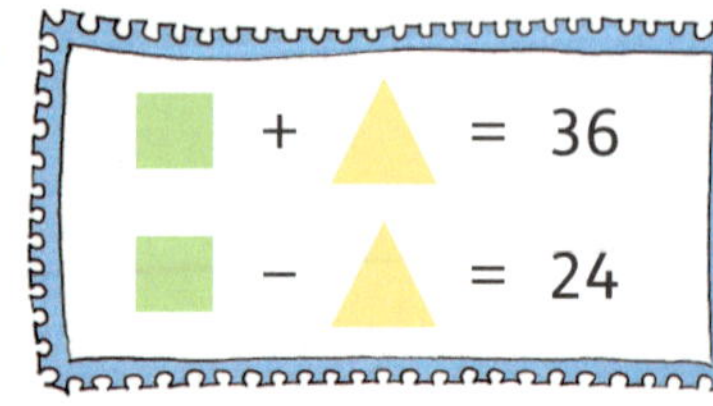

f)
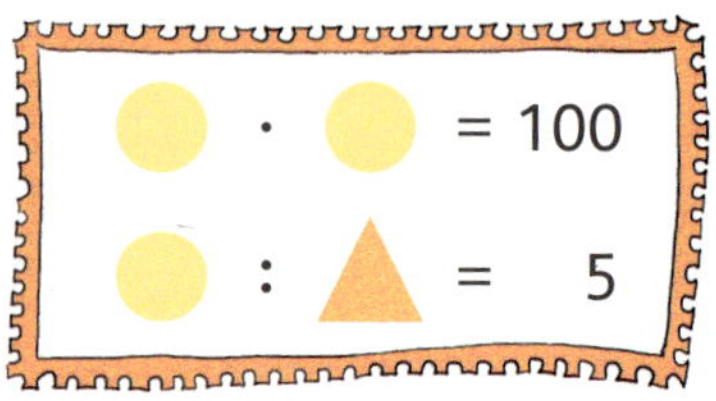

g)
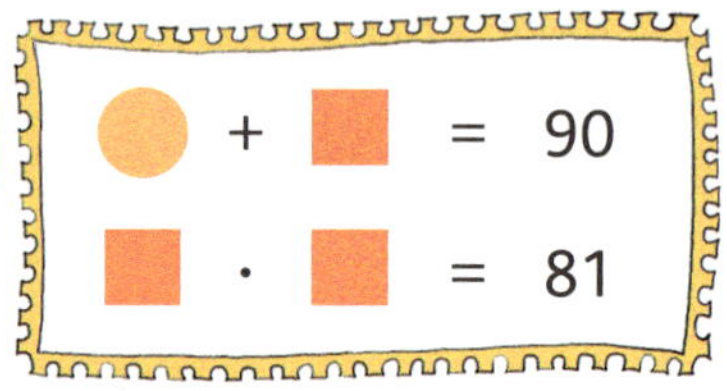

h)
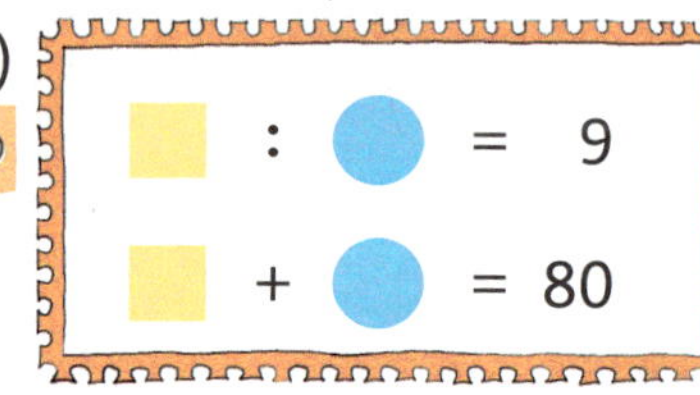

2

a)

b)

c)

d)
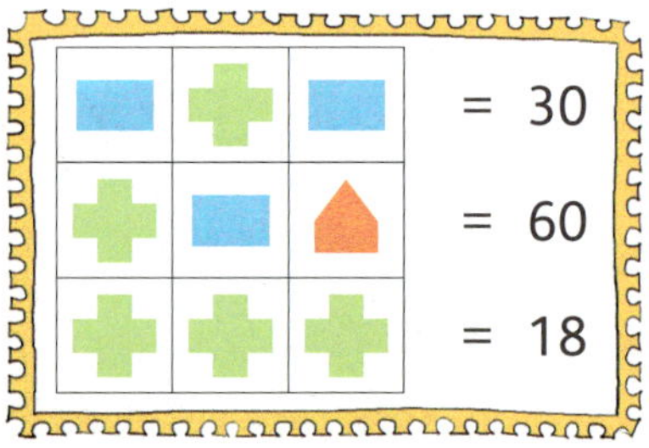

e)
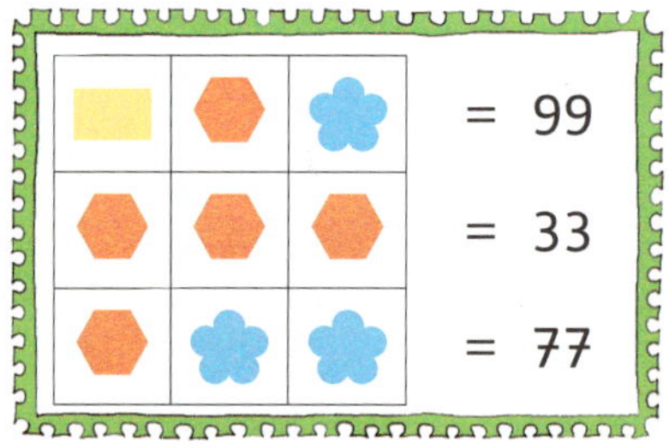

f)

3

a)
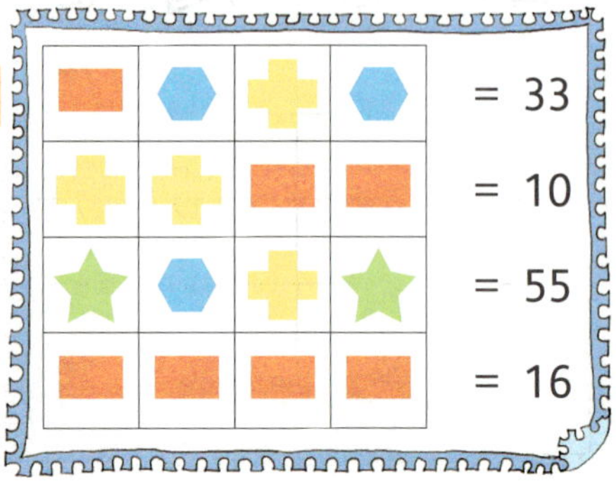

b)
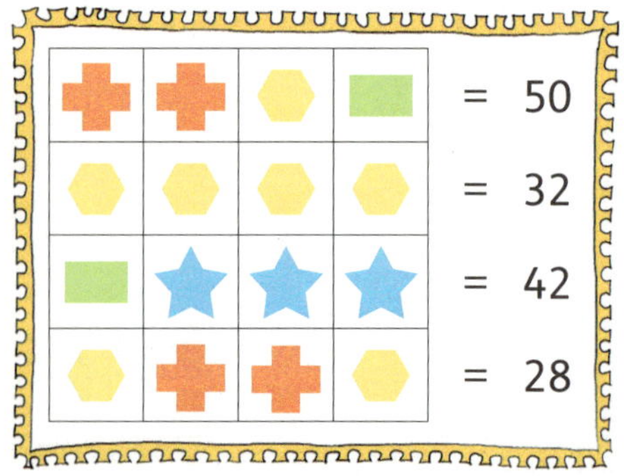

1 Gleiches Symbol bedeutet gleiche Zahl. Lösungen finden und im Heft notieren (bei Bedarf KV verwenden). **2–3** Wie Nr. 1, dabei geben die Zahlen die jeweilige Reihensumme an.

AH 58 **KV** 69–70

1 Wer sitzt wo?

Ina, Ben, Tabea und Daniel sitzen in der 1. Reihe.

Ina sitzt neben Ben.

Ina sitzt aber nicht neben Tabea.

Ben sitzt auf dem Platz 1.

Max, Tom, Anina und Jana sitzen in der 2. Reihe.

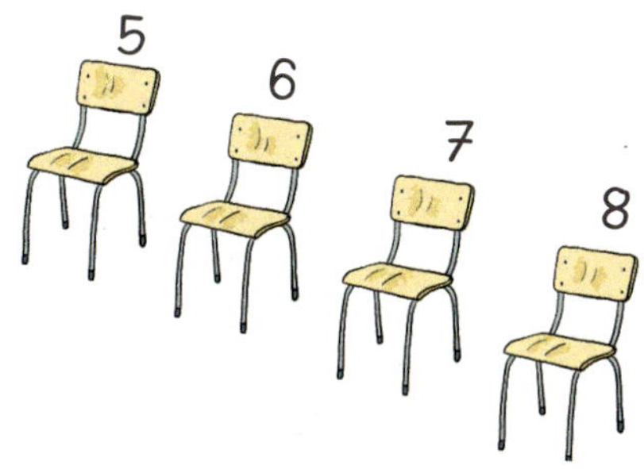

Anina und Jana sitzen nicht nebeneinander.

Max sitzt links neben Tom.

Jana sitzt auf Platz Nr. 8.

2 Trax stellt 9 Kisten ins Regal. Wo steht welche Kiste?

a) Die Kiste im Fach Nr. 3 ist orange.

b) Über der weißen steht die blaue Kiste.

c) Zwischen weiß und rot steht die grüne Kiste.

d) Rechts unten steht die hellbraune Kiste.

e) Links unten findet man die gelbe Kiste.

f) In der unteren Reihe steht die graue Kiste.

g) Über dem 4. Fach steht die blaue Kiste.

3 Jedes Kind betreibt eine Sportart.
Wer betreibt welche Sportart?

wahr: + falsch: –

a) Die Mädchen brauchen keinen Ball.

b) Anton spielt Tischtennis.

c) Eines der Mädchen liebt Radfahren.

d) Ole spielt kein Tennis.

e) Ein Junge spielt Fußball.

f) Lea findet Skateboards langweilig.

g) Bens Hobby ist Tennis.

Lea	–		–	–	
Anton					
Ina					
Ben					
Ole					

1–3 Aussagen zu den Aufgaben aufmerksam lesen und für die Lösung jeweils relevante Informationen entnehmen. Dabei müssen Aussagen auch zueinander in Beziehung gesetzt werden, um die jeweils gesuchten Zuordnungen (z. B. Name des Kindes zur Platznummer) zu bestimmen. **AH** 59

1 a) Zeichne 2 zueinander parallele Geraden.

56 57 b) Zeichne 2 zueinander senkrechte Geraden.

c) Zeichne ein Viereck mit 4 rechten Winkeln.
Wie heißt dieses Viereck?

2 Schreibe jeweils 2 Aufgaben.

61 a)

☐ + ☐ + ☐ = ☐
☐ · ☐ = ☐

b)

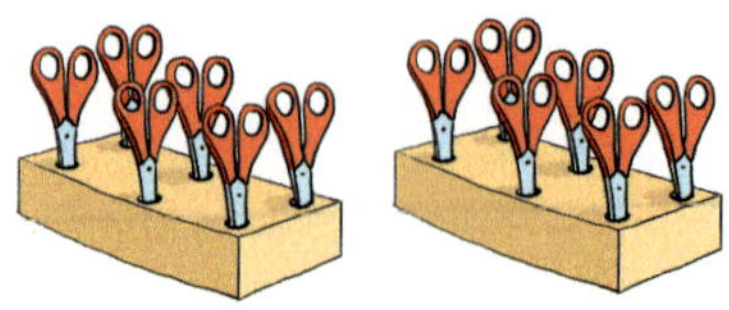

☐ + ☐ = ☐
☐ · ☐ = ☐

c)

☐ + ☐ + ☐ + ☐ = ☐
☐ · ☐ = ☐

3 64 a) Immer ☐ Stifte in ein Päckchen.

10 : ☐ = ☐

Es werden ☐ Päckchen gebraucht.

b) Immer ☐ Scheren in einen Block.

18 : ☐ = ☐

Es werden ☐ Blöcke gebraucht.

c) Immer ☐ Pinsel in einen Becher.

12 : ☐ = ☐

Es werden ☐ Becher gebraucht.

4 Schreibe Aufgabenfamilien.

68

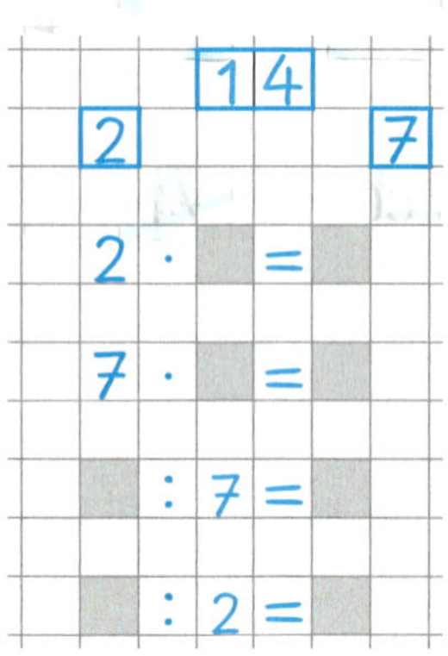

a) 14; 2, 7

b) 10; 5, 2

c) 20; 5, 4

d) 18; 3, 6

e) ☐; 3, 10

f) 15; 3, ☐

g) 8; ☐, 2

h) ☐; ☐, ☐

5 71 72

a)	b)	c)	d)	e)	f)
1 · 5	3 · 5	10 : 5	1 · 2	3 · 2	12 : 2
2 · 5	7 · 5	25 : 5	2 · 2	7 · 2	8 : 2
5 · 5	4 · 5	40 : 5	5 · 2	4 · 2	16 : 2
10 · 5	9 · 5	50 : 5	10 · 2	9 · 2	10 : 2
0 · 5	6 · 5	20 : 5	0 · 2	6 · 2	18 : 2

1–5 Wiederholung des aktuellen Stoffes. **4** KV nutzen.

AH 60 **KV** 60–61, 110–112

1 a) Zeichne die Muster ab. b) Zeichne das Bandmuster ab. Setze es fort.

29

2 Welche Baupläne gehören zu diesen Gebäuden? a) → D

l. 1

a) 
b) 
c) 
d) 
e) 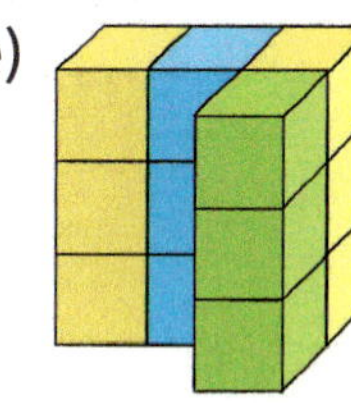

A

2	2	3
		2

B

3	3	3
		3

C

3	1	2
		3

D

2	3	2
		1

E

3	2	3
		2

3

40
41

a) 31 + 31
24 + 34
13 + 41
21 + 47

54 58 62
64 68

b) 51 + 44
33 + 52
18 + 71
31 + 62

83 85 89
93 95

c) 66 − 33
94 − 63
87 − 46
79 − 44

31 33 35
41 43

d) 68 − 44
94 − 82
57 − 41
99 − 77

12 14 16
22 24

4 Setze jeweils um 4 Zahlen fort.

42

a) 20 → 24 → 28 → 32 → ☐

b) 38 → 43 → 48 → 53 → ☐

c) 13 → 22 → 31 → 40 → ☐

d) 80 → 76 → 72 → 68 → ☐

e) 92 → 86 → 80 → 74 → ☐

f) 63 → 56 → 49 → 42 → ☐

5 Was gehört zusammen? Ordne zu.

49
50

1 mm 10 mm 1 cm 10 cm 1 m

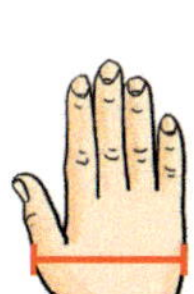

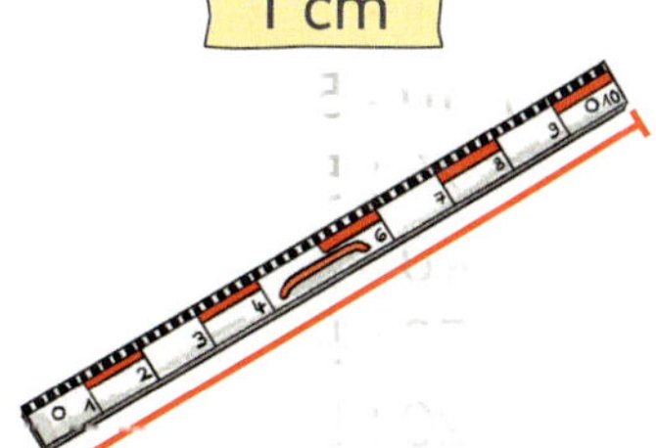
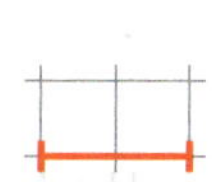
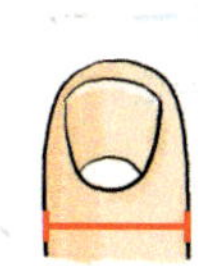

1–5 Sicherung des Basiswissens.

1 Im Zauberwald

2 Zeige 1, 2, ..., 10 Gespenster mit dem Spiegel.

a)

b)

3 Finde das richtige Spiegelbild. Überprüfe mit dem Spiegel.

A B C

A B C

A B C

A B C

1, 2 Mit dem Spiegel experimentieren. 3 Das korrekte Spiegelbild finden und angeben, welche Fehler in den anderen Bildern zu erkennen sind.

1

2 Lege die Figuren und ergänze jeweils das Spiegelbild. Kontrolliere mit dem Spiegel.

a)
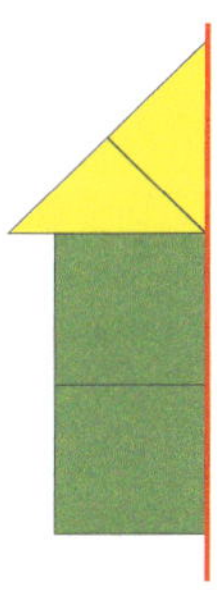

b)
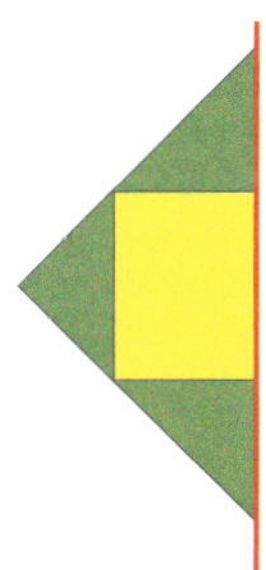

c)
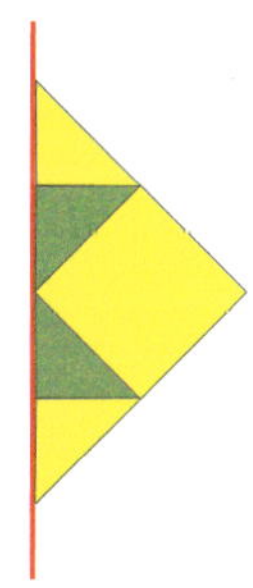

d)

e)
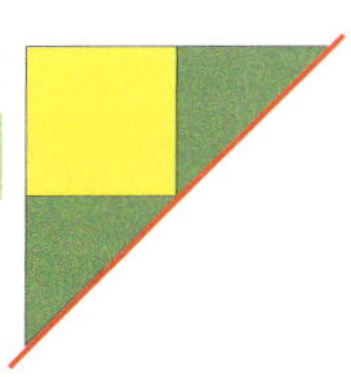

f)
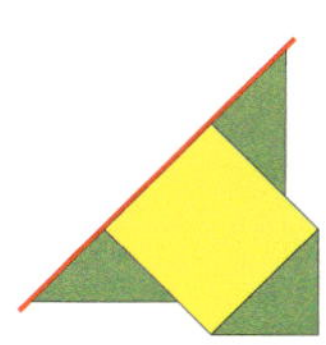

g)
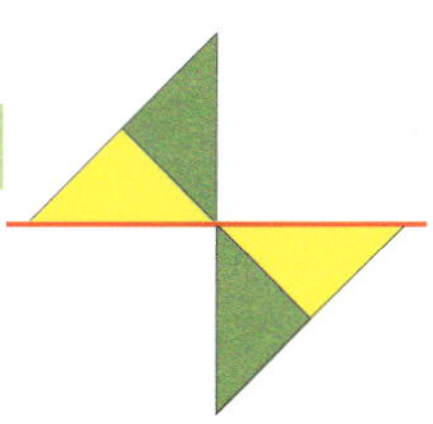

h)
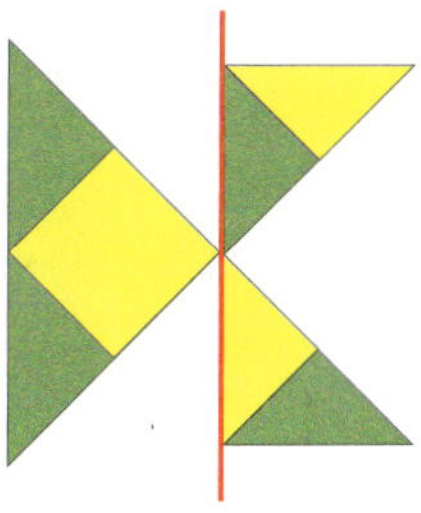

3 Lege spiegelbildliche Figuren aus Quadraten und großen und kleinen Dreiecken.

a)
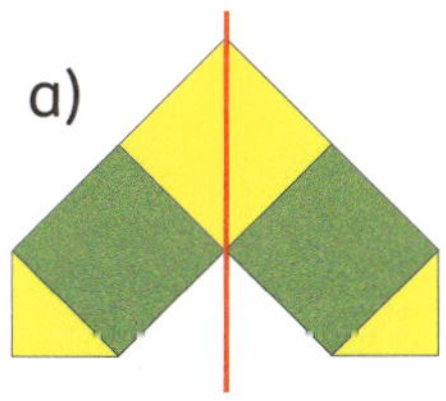

	□	△	△
a)	2	2	2
b)	2	4	4
c)	4	2	4
d)	4	4	8
e)	1	2	2
f)	1	3	4

1–2 Symmetrische Figuren legen. Plättchenbeilage verwenden. Figuren evtl. auch aufzeichnen. **3** Symmetrische Figuren mit vorgegebener Anzahl von Plättchen legen. Einzelne Plättchen können dabei auch auf der Spiegelachse liegen.

Symmetrische Figuren falten

1

2 Falte, zeichne und schneide aus. Welche Figuren entstehen?

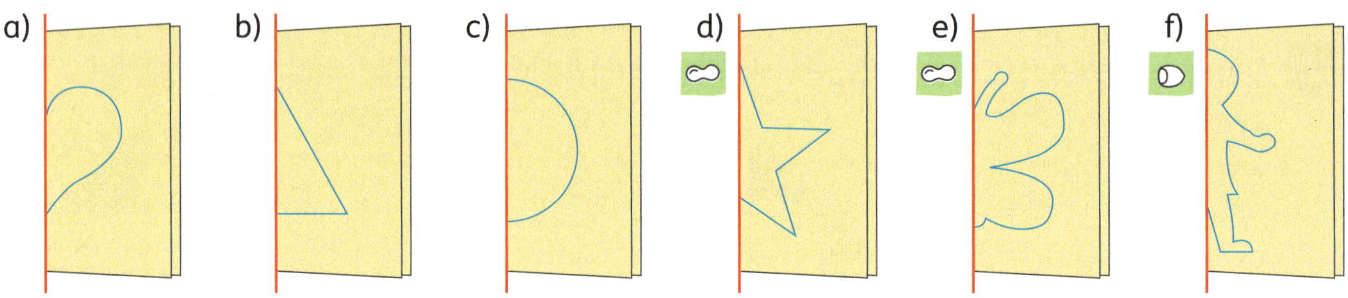

3 Falte, zeichne und schneide so, dass diese Figuren entstehen.

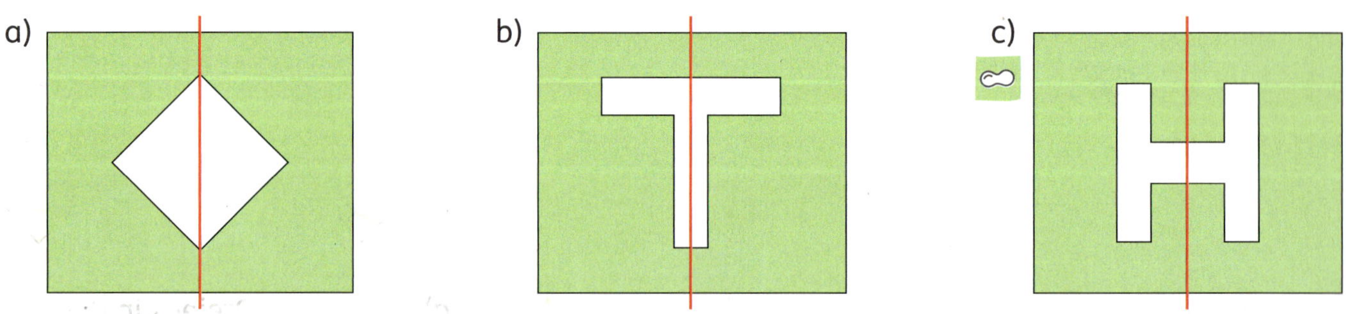

4 Falte ein quadratisches Papier 2-mal und stelle Sterne her.

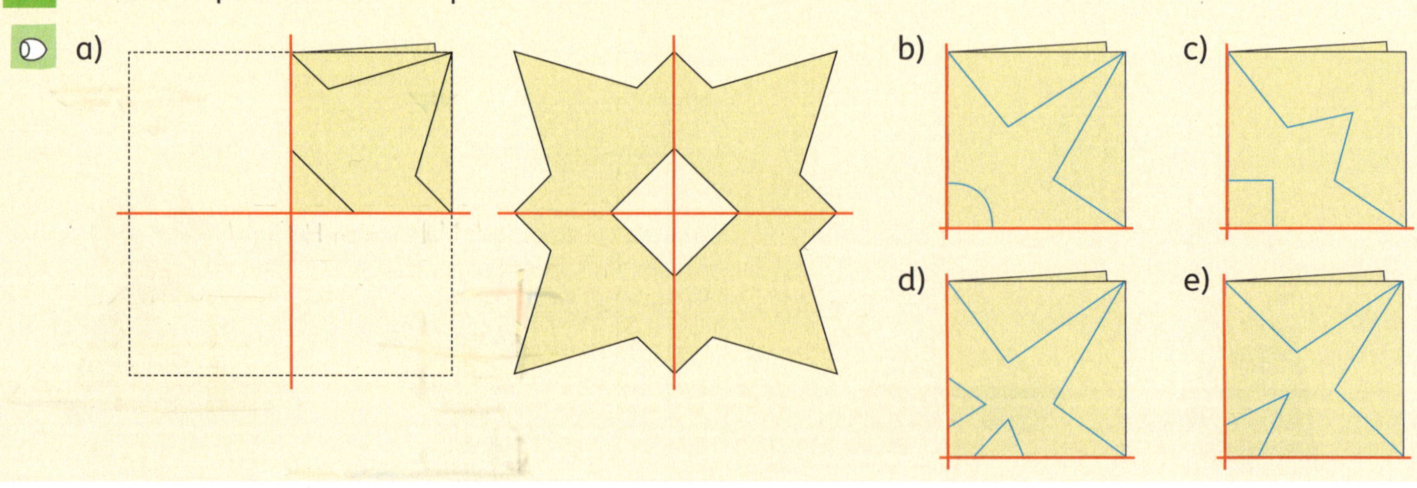

1–4 Symmetrische Faltfiguren herstellen. **2** Ein Blatt falten, Halbfigur von der Faltkante aus aufzeichnen, ausschneiden und wieder entfalten. Vermutungen über die Zielfigur vor dem Entfalten anstellen und verbalisieren (Kopfgeometrie).

342–344

1

a) Die obere Ecke zur unteren Ecke falten.

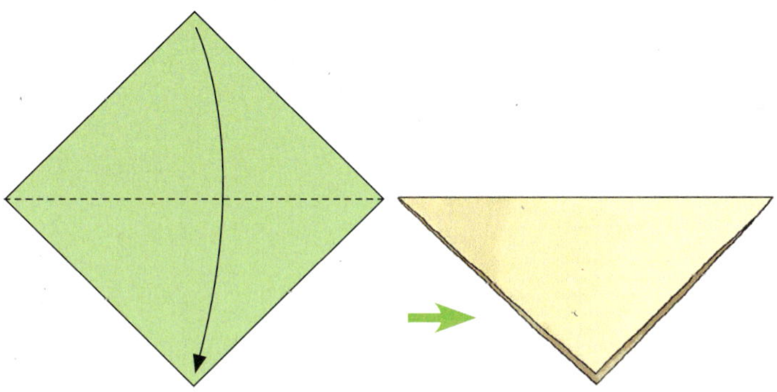

b) Die linke und die rechte Ecke zur unteren Ecke falten.

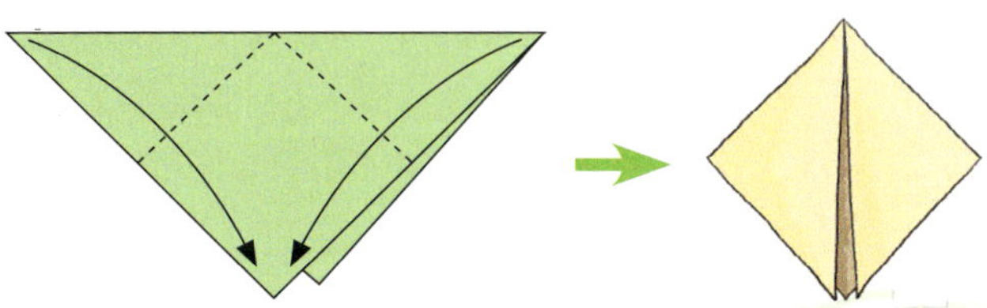

c) Zwei Ecken nach oben falten.

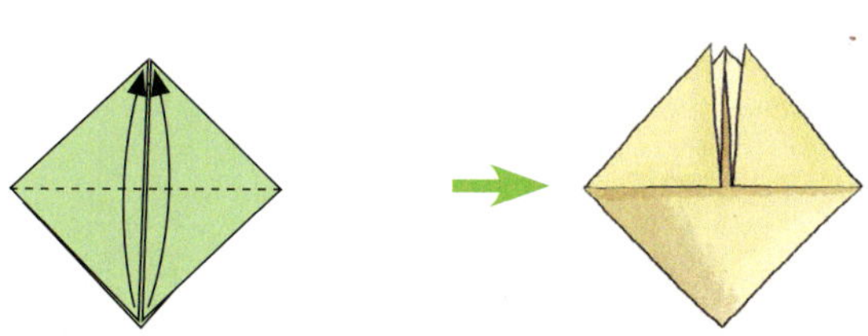

d) Beide Spitzen schräg zur Seite ziehen und falten.

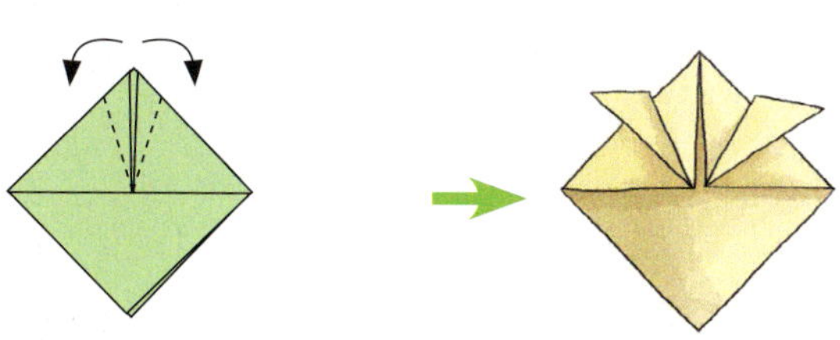

e) Eine Ecke nach oben falten.

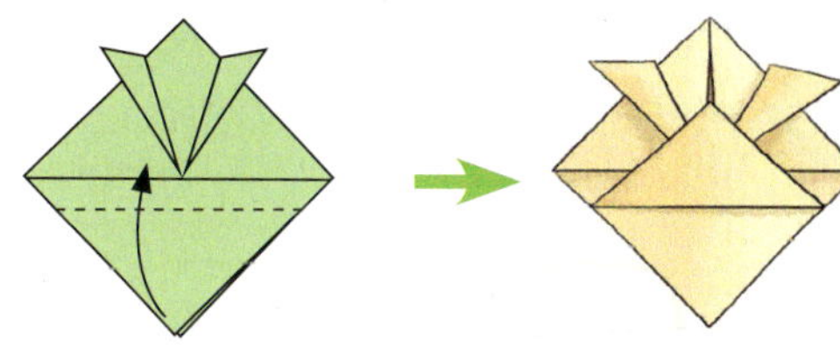

f) Die Kante ebenfalls hochfalten.

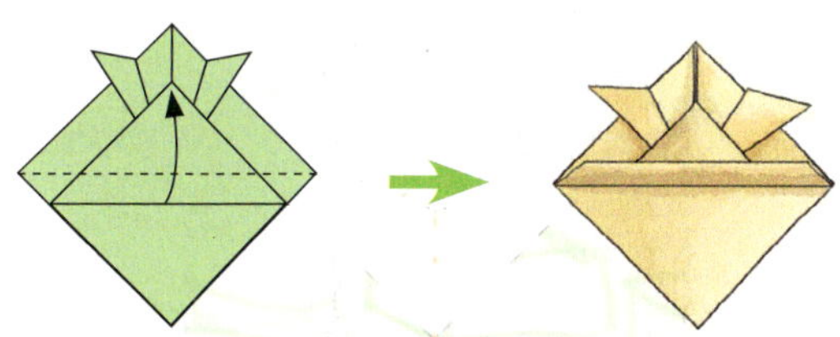

g) Das große Dreieck in den Hut hineinstecken.

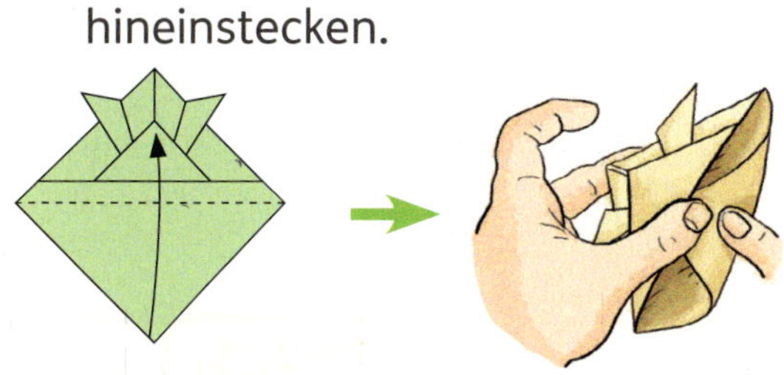

1 Nach Faltanleitung einen Hut falten und farbig gestalten. Beim Anmalen können die Kinder ihr Wissen über symmetrische Muster anwenden und den Hut entsprechend symmetrisch färben.

Geobrett-Figuren spiegeln

1

2 Spanne das Spiegelbild und zeichne. Überprüfe mit dem Spiegel.

a) 
b) 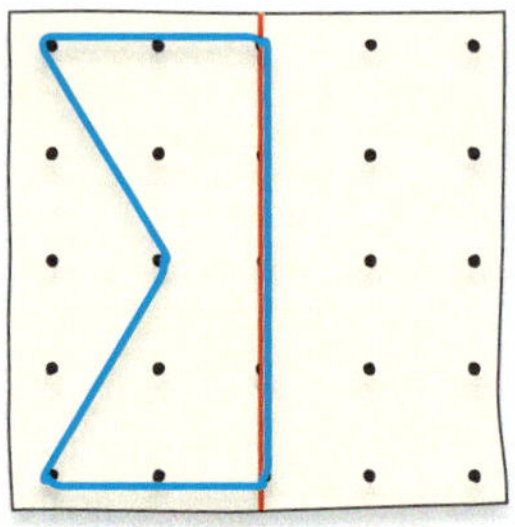
c) 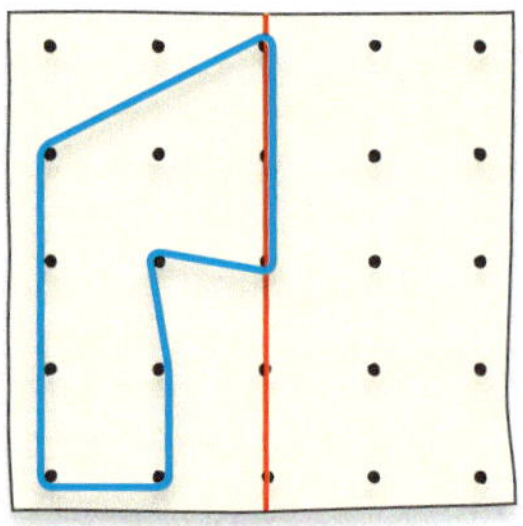
d) 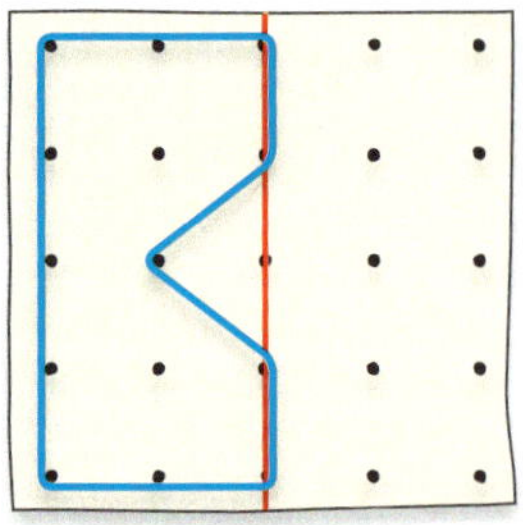
e) 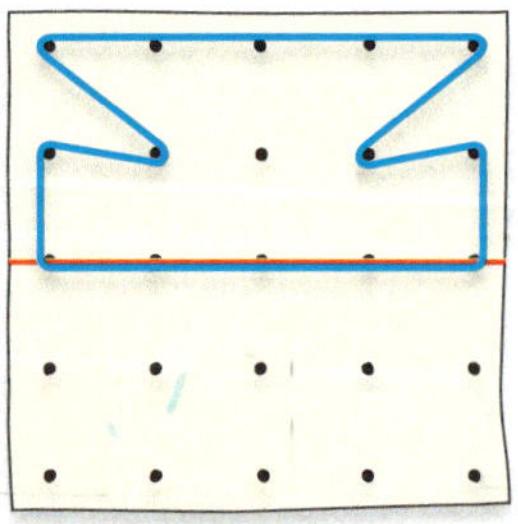
f) 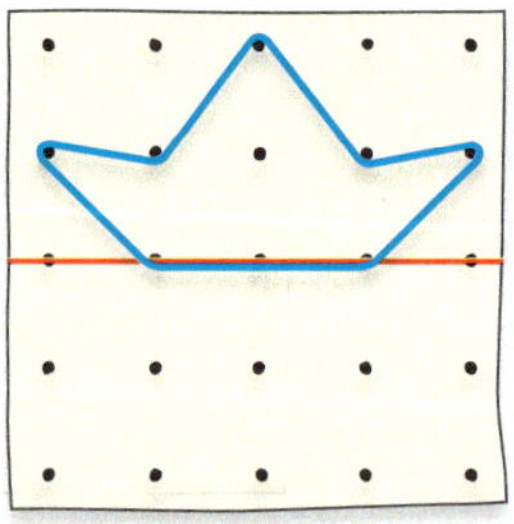
g) 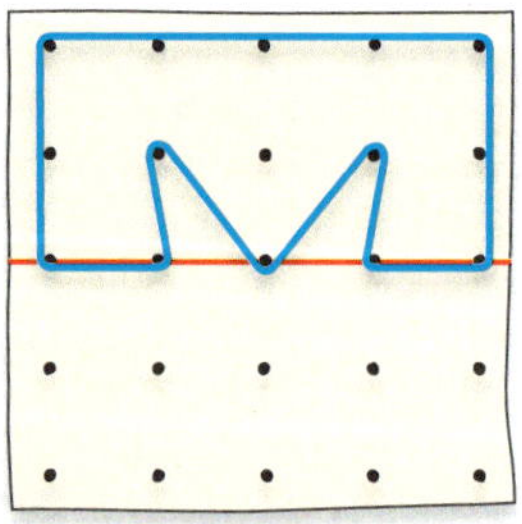
h) 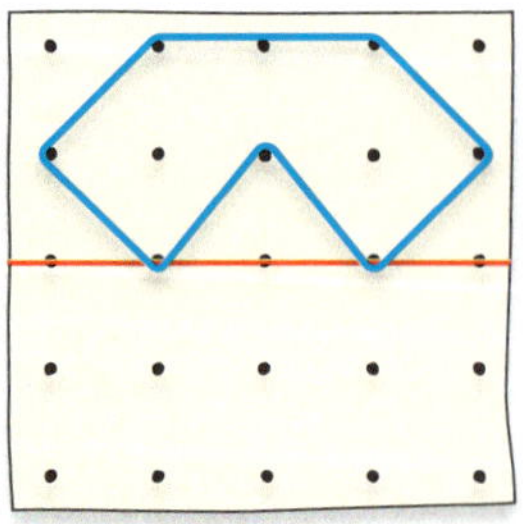

3 Spanne, zeichne und überprüfe mit dem Spiegel. Achte auf die Lage der Spiegelachse.

a) 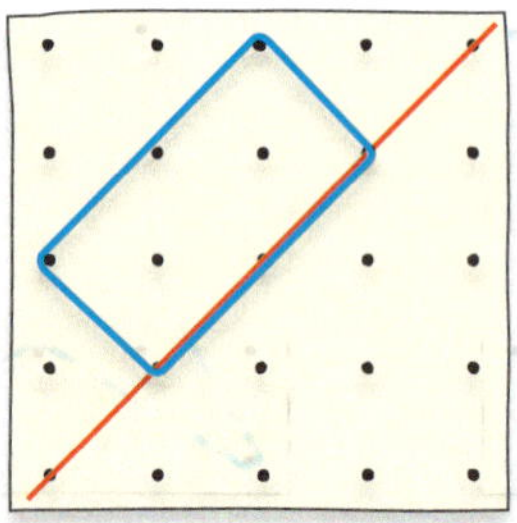
b) 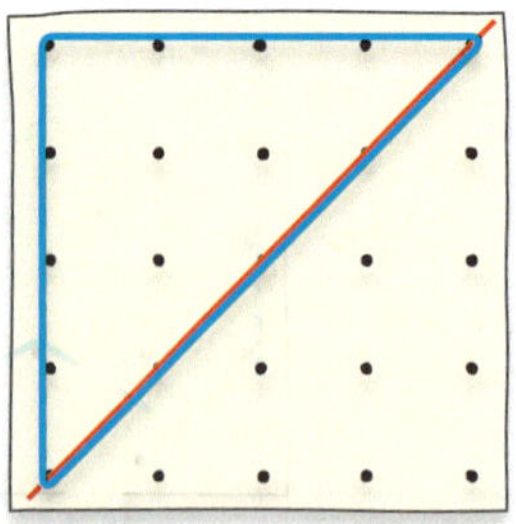
c) 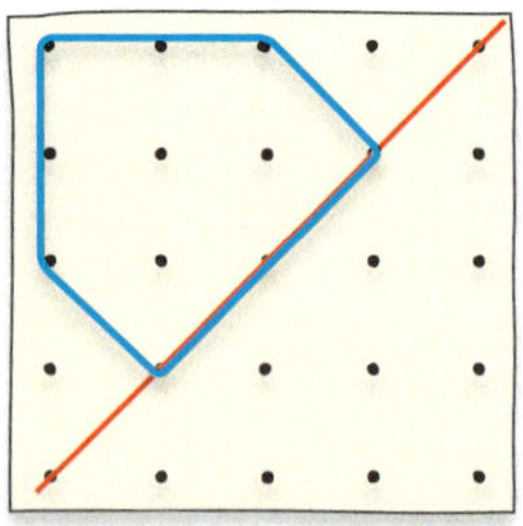
d) 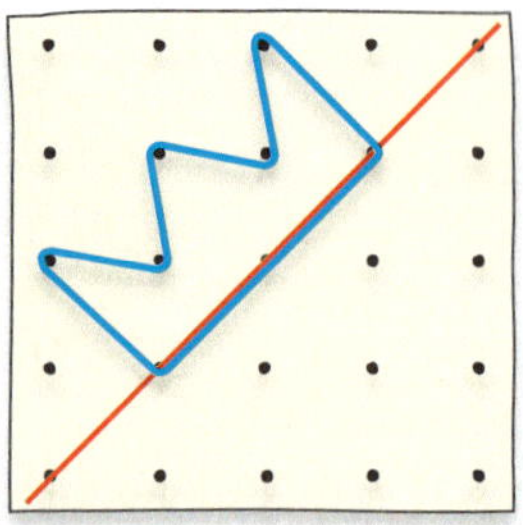
e) 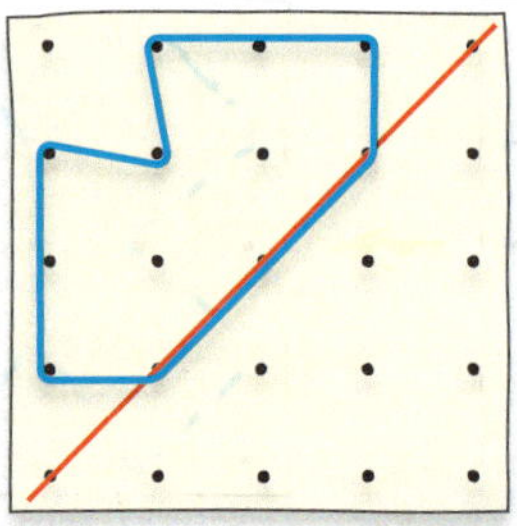
f) 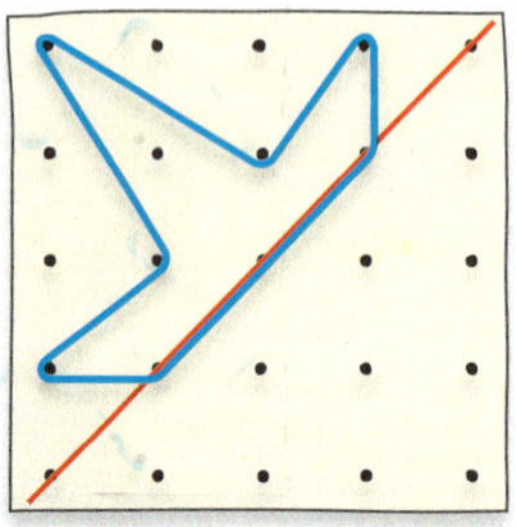
g) 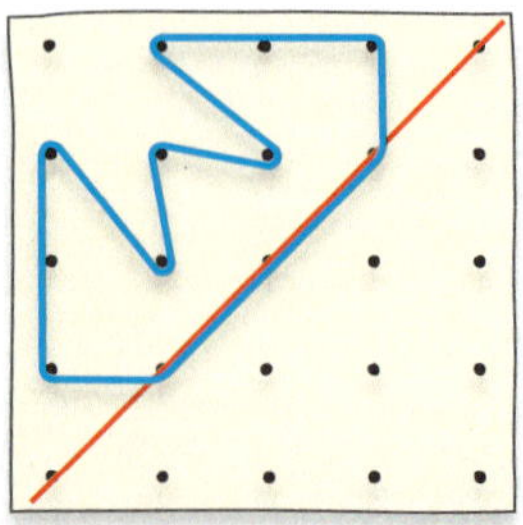
h) Erfinde eigene Figuren. Spanne und zeichne sie. Überprüfe mit dem Spiegel.

1–3 Vorgegebene Figuren spannen und spiegelbildlich ergänzen. Anschließend die Figuren mit ihrem Spiegelbild zeichnen (im Heft oder auf KV) und mit dem Spiegel überprüfen.

AH 62 **KV** 71–74 346–347

1

2 Spanne und verändere. Beschreibe deinem Partner, wie sich die Figur verändert hat.

a)

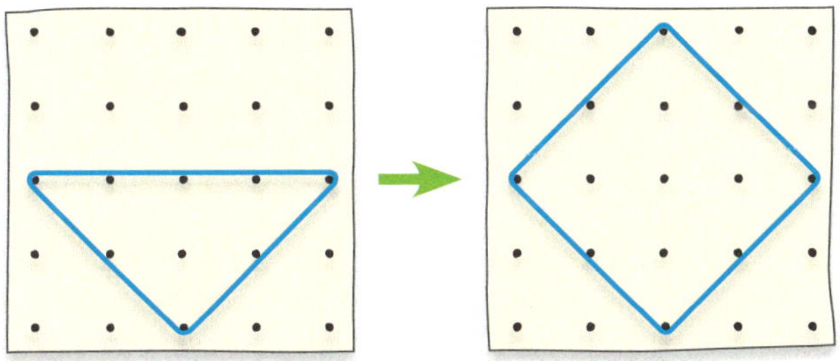

b)

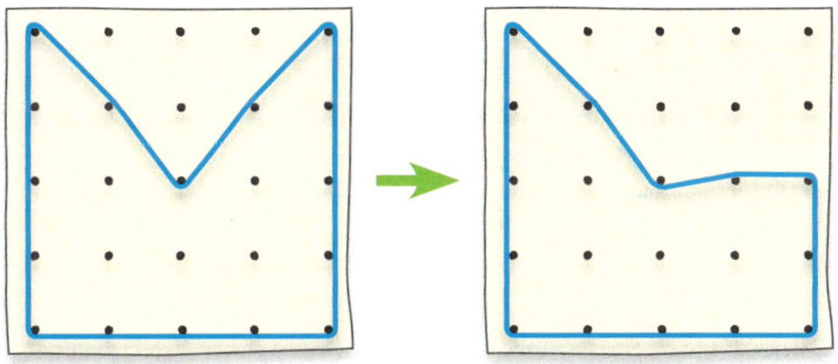

c)

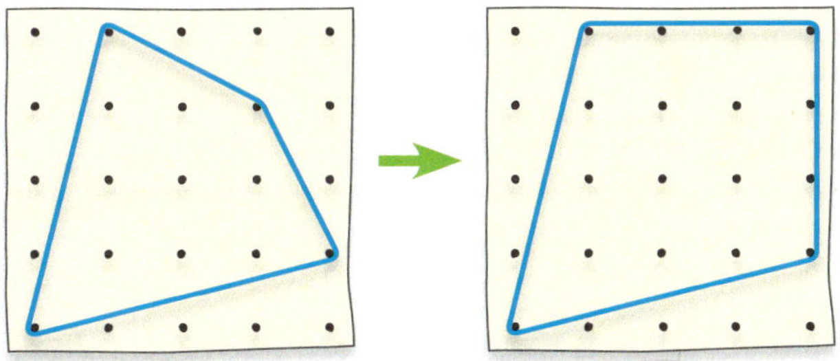

d)

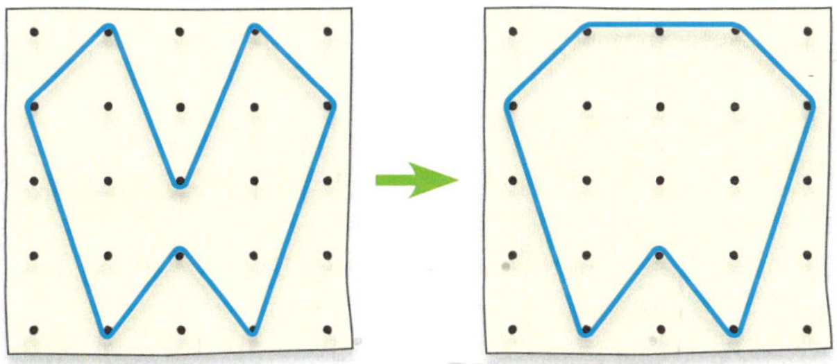

3 Spanne und verändere. Beschreibe, wie sich die Figur verändert hat.

a)

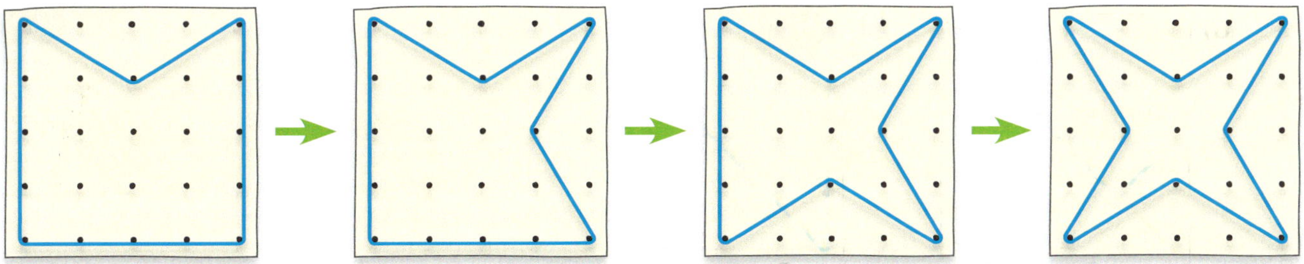

b)

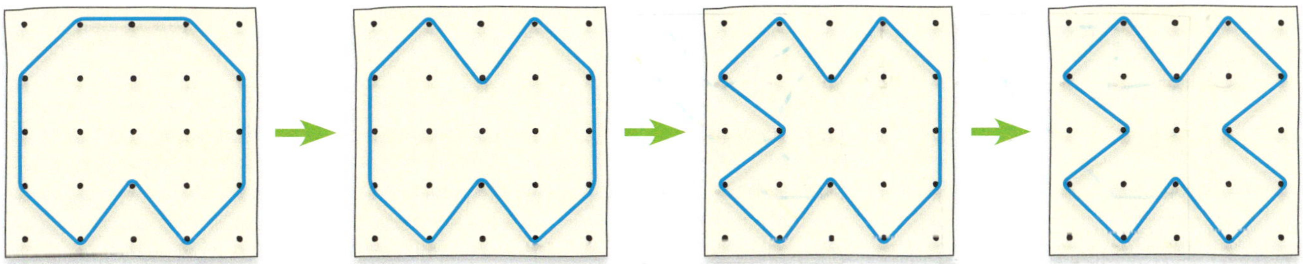

1–3 Figuren spannen und schrittweise verändern. Veränderungen der Figuren mit Hilfe der Satzbausteine von **1** beschreiben.

1

·	0	1	2	3	4	5	6	7	8	9	10
0											
1		1	2	3	4	5	6	7	8	9	10
2		2	4	6	8	10	12	14	16	18	20
3											
4											
5		5	10	15	20	25	30	35	40	45	50
6											
7											
8											
9											
10		10	20	30	40	50	60	70	80	90	100

2 Rechne die Kernaufgaben. Nutze die 1 · 1 Tafel.

a)	b)	c)	d)	e)	f)
1 · 3	1 · 4	1 · 7	1 · 6	1 · 9	1 · 8
2 · 3	2 · 4	2 · 7	2 · 6	2 · 9	2 · 8
5 · 3	5 · 4	5 · 7	5 · 6	5 · 9	5 · 8
10 · 3	10 · 4	10 · 7	10 · 6	10 · 9	10 · 8

3 3 · 6

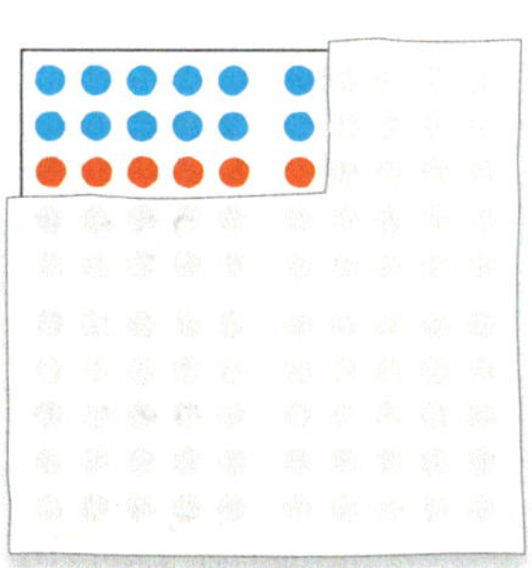

2 · 6 = 12
3 · 6 = ▢

2 · 6 = 12
1 · 6 = 6
3 · 6 = ▢

a) 2 · 5, 3 · 5 | 2 · 7, 3 · 7 | 2 · 4, 3 · 4

b) 5 · 3, 1 · 3, 6 · 3 | 5 · 4, 1 · 4, 6 · 4 | 5 · 7, 1 · 7, 6 · 7

4 4 · 6

5 · 6 = 30
4 · 6 = ▢

5 · 6 = 30
1 · 6 = 6
4 · 6 = ▢

a) 5 · 3, 4 · 3 | 5 · 7, 4 · 7 | 5 · 4, 4 · 4

b) 10 · 6, 1 · 6, 9 · 6 | 10 · 4, 1 · 4, 9 · 4 | 10 · 8, 1 · 8, 9 · 8

1 Die Ergebnisse der Kernaufgaben in eine 1 · 1 Tafel eintragen (KV). **3, 4** Benachbarte Aufgaben über die Kernaufgaben lösen, Hunderterfeld nutzen. Durch Addition und Subtraktion von Kernaufgaben weitere Aufgaben erschließen.

AH 63 **KV** 14 – 15, 59, 64 211 – 212

1 Wie viele Hunde? Wie viele Pfoten? Wie viele ...?

0 · 4
1 · 4
2 · 4
3 · 4
4 · 4
5 · 4
6 · 4
7 · 4
8 · 4
9 · 4
10 · 4

Schreibe die Viererzahlen auf. a) vorwärts: 0, 4, 8, ... b) rückwärts: 40, 36, ...

2 a) Nutze die Kernaufgaben. Wie rechnest du?

6 · 4
3 · 4
7 · 4
9 · 4
8 · 4

Max
5 · 4 = 20
6 · 4 = ▢

Paula
5 · 4 = 20
1 · 4 = 4
6 · 4 = ▢

b) Löse Gleichungen.

▢ · 4 = 8	▢ · 4 = 12
▢ · 4 = 20	▢ · 4 = 24
▢ · 4 = 4	▢ · 4 = 36
▢ · 4 = 16	▢ · 4 = 32
▢ · 4 = 40	▢ · 4 = 28

c) Nutze die Tauschaufgabe.

4 · 2	4 · 7
4 · 3	4 · 9
4 · 6	4 · 8

4 · 2 = ▢
2 · 4 = 8

d)

4 · ▢ = 12	4 · ▢ = 32
4 · ▢ = 4	4 · ▢ = 28
4 · ▢ = 0	4 · ▢ = 16
4 · ▢ = 8	4 · ▢ = 36

3 a)

4 : 4	16 : 4	0 : 4
8 : 4	24 : 4	12 : 4
20 : 4	32 : 4	36 : 4
40 : 4	28 : 4	20 : 4

b)

12 : ▢ = 3	8 : ▢ = 4
24 : ▢ = 6	20 : ▢ = 4
28 : ▢ = 7	4 : ▢ = 4
36 : ▢ = 9	40 : ▢ = 4

4 Wie viele Beine sind es jeweils?

3 Katzen
10 Kühe
8 Hühner
5 Schildkröten
6 Hunde
2 Spinnen
4 Regenwürmer
1 Rabe
7 Mäuse
9 Frösche

5

Auf einem Bauernhof gibt es Hühner und Kaninchen.

a) Sie haben zusammen 5 Köpfe und 16 Beine. Wie viele Hühner sind es?

b) Wie viele Hühner sind es bei 10 Köpfen und 32 Beinen?

1–2 Erarbeitung aller Multiplikationsaufgaben mit 4 unter Nutzung der Kernaufgaben.

AH 64 213, 229–230

Einmaleins mit 8

1 Wie viele Spinnen? Wie viele Beine? Wie viele ...?

Schreibe die Achterzahlen auf. a) vorwärts: 0, 8, 16, ... b) rückwärts: 80, 72, ...

2 a) Nutze die Kernaufgaben. Wie rechnest du?

3 · 8
4 · 8
7 · 8
6 · 8
9 · 8

Max
2 · 8 = 16
3 · 8 = ___

Paula
2 · 8 = 16
1 · 8 = 8
3 · 8 = ___

b) Löse Gleichungen.

___ · 8 = 16	___ · 8 = 24
___ · 8 = 8	___ · 8 = 48
___ · 8 = 40	___ · 8 = 32
___ · 8 = 64	___ · 8 = 72
___ · 8 = 80	___ · 8 = 56

c) Nutze die Tauschaufgabe.

8 · 2	8 · 4
8 · 3	8 · 9
8 · 6	8 · 7

8 · 2 = ___
2 · 8 = 16

d)

8 · ___ = 80	8 · ___ = 8
8 · ___ = 40	8 · ___ = 56
8 · ___ = 0	8 · ___ = 72
8 · ___ = 24	8 · ___ = 16

3 a)

8 : 8	24 : 8	56 : 8
16 : 8	32 : 8	72 : 8
40 : 8	48 : 8	64 : 8
80 : 8	0 : 8	80 : 10

b)

24 : ___ = 3	16 : ___ = 8
56 : ___ = 7	40 : ___ = 8
48 : ___ = 6	80 : ___ = 8
72 : ___ = 9	8 : ___ = 8

4 Schreibe Aufgabenfamilien.

a) 48; 6, 8
b) 36; 4, 9
c) 56; 8, 7
d) ___; 5, 8
e) 64; 8, ___
f) 32; ___, 4

5 Wie viele sind es jeweils?

Lore: Ich esse zweimal 3 Kugeln Eis.

Jim: Ich esse viermal 2 Kugeln Eis.

Philipp: Ich trage dreimal 6 Flaschen ins Haus.

Sarah: Ich trage sechsmal 3 Flaschen ins Haus.

Hanna: Ich laufe fünfmal im Stadion zwei Runden.

Elisa: Ich laufe zweimal im Stadion acht Runden.

1–2 Erarbeitung aller Multiplikationsaufgaben mit 8 unter Nutzung der Kernaufgaben.

1

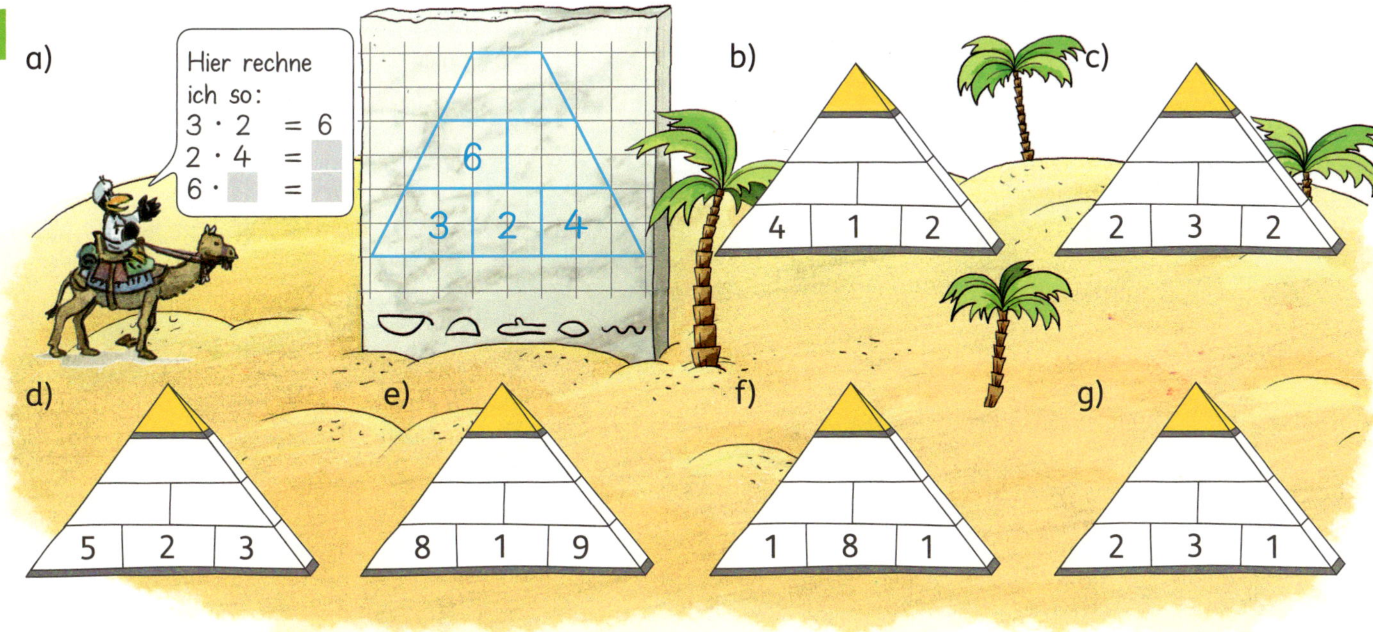

2

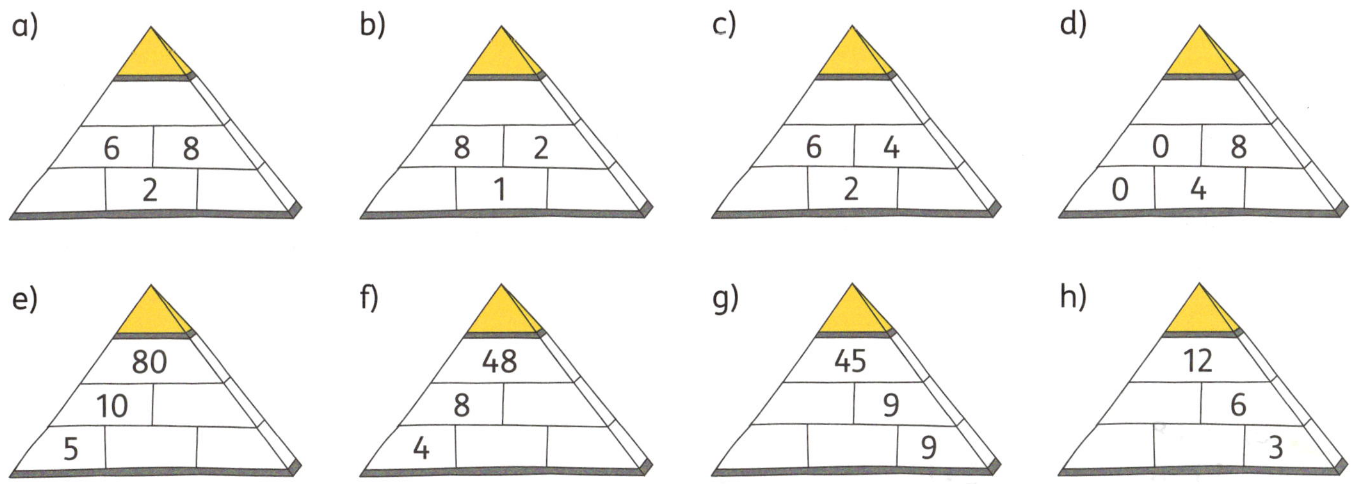

3 Löse durch Probieren.

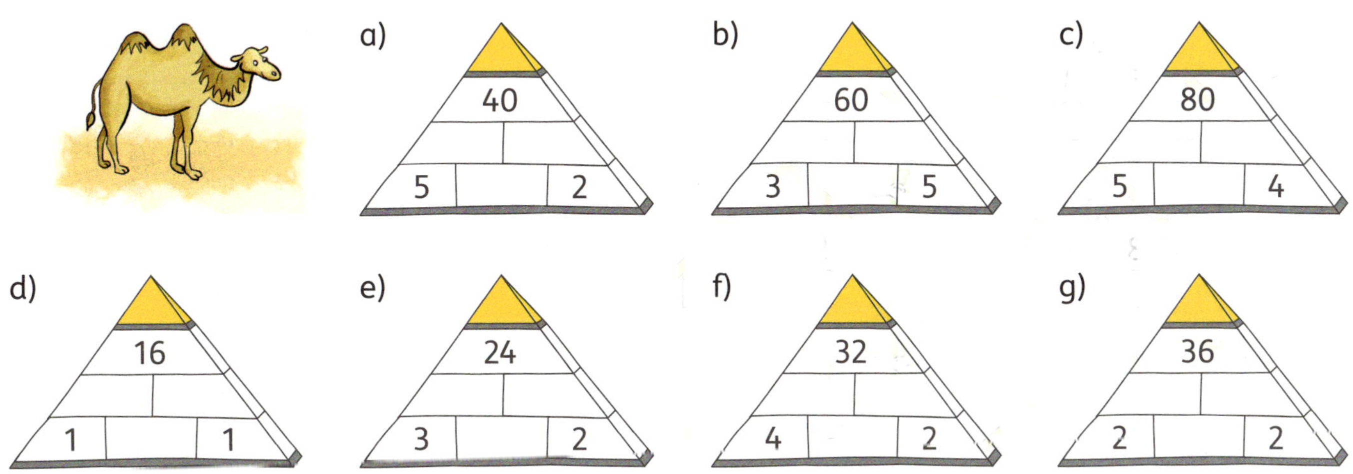

1 Wie viele Fahrzeuge? Wie viele Räder? Wie viele ...?

0 · 3
1 · 3
2 · 3
3 · 3
4 · 3
5 · 3
6 · 3
7 · 3
8 · 3
9 · 3
10 · 3

Schreibe die Dreierzahlen auf. a) vorwärts: 0, 3, 6, ... b) rückwärts: 30, 27, ...

2 a) Nutze die Kernaufgaben. Wie rechnest du?

9 · 3
4 · 3
8 · 3
6 · 3
7 · 3

Max
10 · 3 = 30
9 · 3 = __

Paula
10 · 3 = 30
1 · 3 = 3
9 · 3 = __

b) Löse Gleichungen.

__ · 3 = 6	__ · 3 = 12
__ · 3 = 15	__ · 3 = 18
__ · 3 = 3	__ · 3 = 27
__ · 3 = 9	__ · 3 = 24
__ · 3 = 30	__ · 3 = 21

c) Nutze die Tauschaufgabe.

3 · 2	3 · 8
3 · 4	3 · 7
3 · 6	3 · 9

3 · 2 = __
2 · 3 = 6

d)

3 · __ = 12	3 · __ = 9
3 · __ = 0	3 · __ = 24
3 · __ = 6	3 · __ = 21
3 · __ = 18	3 · __ = 27

3 a)

3 : 3	9 : 3	24 : 3
6 : 3	18 : 3	0 : 3
15 : 3	12 : 3	27 : 3
30 : 3	21 : 3	15 : 3

b)

6 : __ = 2	15 : __ = 3
12 : __ = 4	9 : __ = 3
27 : __ = 9	30 : __ = 3
18 : __ = 6	3 : __ = 3

4

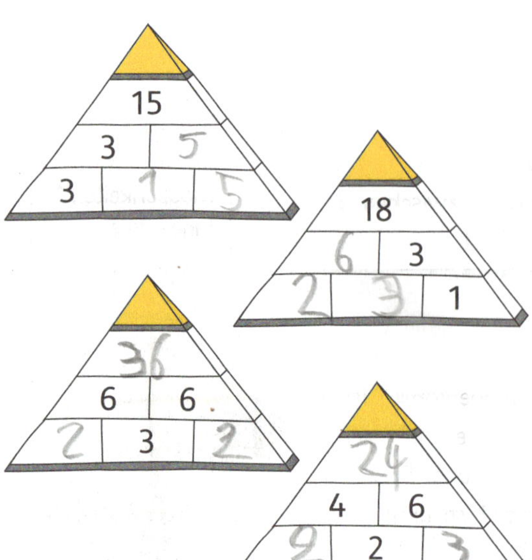

5

Mara
Ich denke mir eine Zahl. Sie gehört zur 3er- und zur 10er-Reihe.

Ben
Ich denke mir eine Zahl. Sie gehört zur 8er- und zur 3er-Reihe.

Leon
Ich denke mir zwei Zahlen. Sie gehören zur 5er- und zur 3er-Reihe.

Jana
Ich denke mir drei Zahlen. Sie gehören zur 2er- und zur 3er-Reihe.

Marie
Ich denke mir eine Zahl. Sie gehört zu jeder Reihe.

Erfinde auch eigene Zahlenrätsel.

1–2 Erarbeitung aller Multiplikationsaufgaben mit 3 unter Nutzung der Kernaufgaben.

AH 67 **KV** 75–76 216, 233–234

1 Wie viele Käfer? Wie viele Beine? Wie viele …?

0 · 6
1 · 6
2 · 6
3 · 6
4 · 6
5 · 6
6 · 6
7 · 6
8 · 6
9 · 6
10 · 6

Schreibe die Sechserzahlen auf. a) vorwärts: 0, 6, 12, … b) rückwärts: 60, 54, …

2 a) Nutze die Kernaufgaben. Wie rechnest du?

4 · 6
3 · 6
8 · 6
7 · 6
9 · 6

Max
5 · 6 = 30
4 · 6 = ☐

Paula
5 · 6 = 30
1 · 6 = 6
4 · 6 = ☐

b) Löse Gleichungen.

☐ · 6 = 12	☐ · 6 = 18
☐ · 6 = 30	☐ · 6 = 48
☐ · 6 = 6	☐ · 6 = 24
☐ · 6 = 36	☐ · 6 = 42
☐ · 6 = 60	☐ · 6 = 54

c) Nutze die Tauschaufgabe.

6 · 2	6 · 8
6 · 4	6 · 7
6 · 3	6 · 9

6 · 2 = ☐
2 · 6 = 12

d)

6 · ☐ = 18	6 · ☐ = 60
6 · ☐ = 6	6 · ☐ = 42
6 · ☐ = 36	6 · ☐ = 54
6 · ☐ = 0	6 · ☐ = 48

3 a)

6 : 6	18 : 6	54 : 6
12 : 6	36 : 6	48 : 6
30 : 6	24 : 6	42 : 6
60 : 6	0 : 6	30 : 6

b)

12 : ☐ = 2	6 : ☐ = 6
24 : ☐ = 4	36 : ☐ = 6
42 : ☐ = 7	30 : ☐ = 6
54 : ☐ = 9	60 : ☐ = 6

4 Welche Aufgabenfamilien könnten es sein?

Peggy
In meiner Aufgabenfamilie ist die Zahl 56.

Erik
In meiner Aufgabenfamilie ist die Zahl 30.

Maria
In meiner Aufgabenfamilie ist eine Zahl, die zwischen 16 und 20 liegt.

Wo gibt es mehrere Möglichkeiten? Finde alle.

Tina
In meiner Aufgabenfamilie sind alle Zahlen gleich.

Jim
In meiner Aufgabenfamilie gibt es nur 2 verschiedene Zahlen.

Luca
In meiner Aufgabenfamilie ist die 2. Zahl doppelt so groß wie die 1. Zahl und die 3. Zahl doppelt so groß wie die 2. Zahl.

1–2 Erarbeitung aller Multiplikationsaufgaben mit 6 unter Nutzung der Kernaufgaben.

AH 68 KV 60–61 217–218, 235–236

1 Wie viele Kisten? Wie viele Flaschen? Wie viele ...?

0 · 9
1 · 9
2 · 9
3 · 9
4 · 9
5 · 9
6 · 9
7 · 9
8 · 9
9 · 9
10 · 9

Schreibe die Neunerzahlen auf. a) vorwärts: 0, 9, 18, ... b) rückwärts: 90, 81, ...

2 a) Nutze die Kernaufgaben. Wie rechnest du?

6 · 9
4 · 9
3 · 9
8 · 9
7 · 9

Max
5 · 9 = 45
6 · 9 = ___

Paula
5 · 9 = 45
1 · 9 = 9
6 · 9 = ___

b) Löse Gleichungen.

___ · 9 = 18	___ · 9 = 27
___ · 9 = 45	___ · 9 = 54
___ · 9 = 9	___ · 9 = 36
___ · 9 = 81	___ · 9 = 72
___ · 9 = 90	___ · 9 = 63

c) Nutze die Tauschaufgabe.

9 · 2	9 · 6
9 · 4	9 · 8
9 · 3	9 · 7

9 · 2 = ___
2 · 9 = 18

d)

9 · ___ = 9	9 · ___ = 54
9 · ___ = 90	9 · ___ = 72
9 · ___ = 0	9 · ___ = 81
9 · ___ = 36	9 · ___ = 63

3 a)

9 : 9	18 : 9	72 : 9
18 : 9	36 : 9	0 : 9
45 : 9	27 : 9	63 : 9
90 : 9	54 : 9	45 : 9

b)

18 : ___ = 2	9 : ___ = 9
36 : ___ = 4	90 : ___ = 9
54 : ___ = 6	45 : ___ = 9
72 : ___ = 8	81 : ___ = 9

4 a)

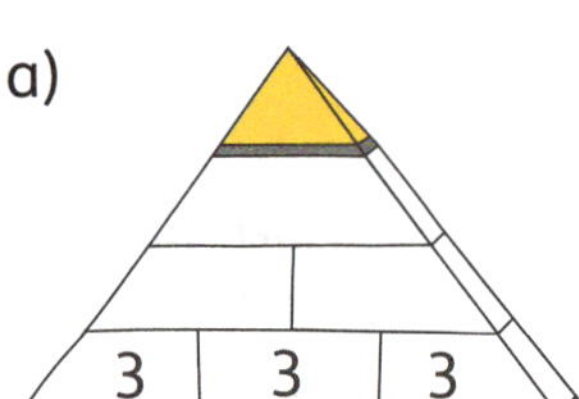

b)

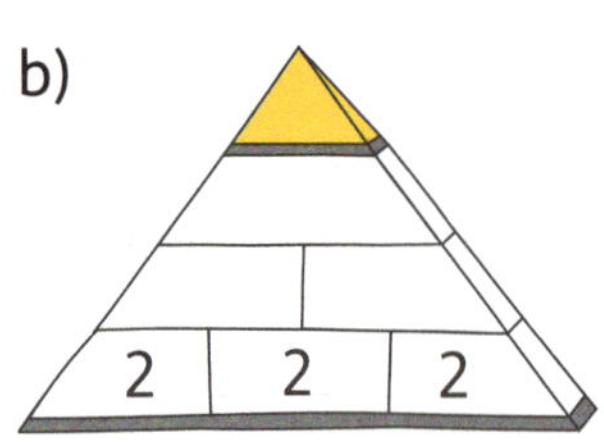

c)

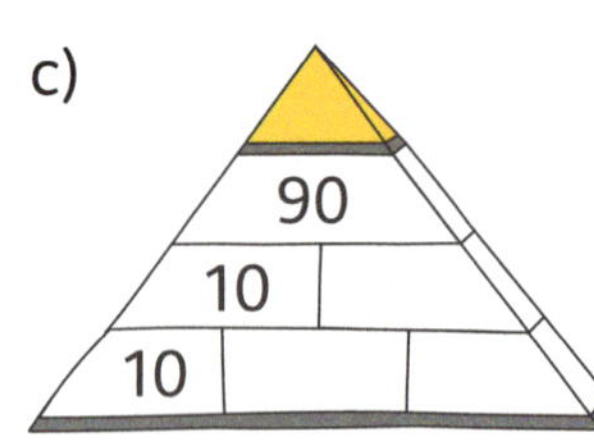

d)

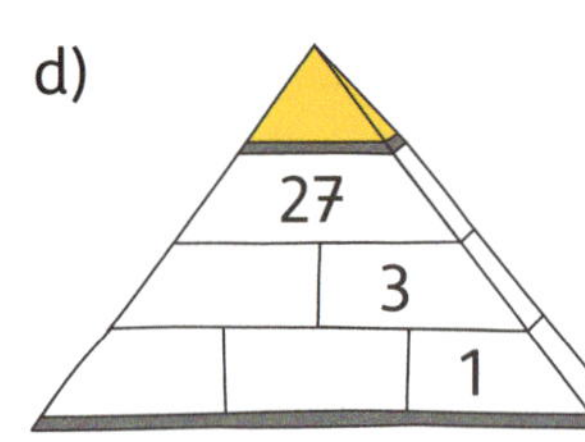

e)

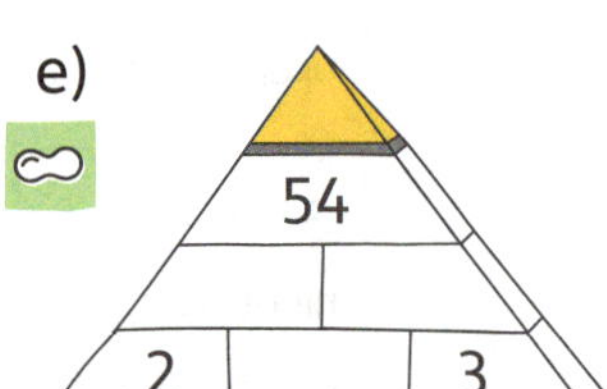

f)

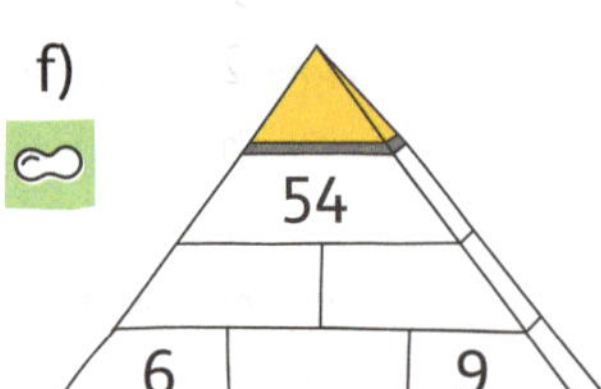

g)

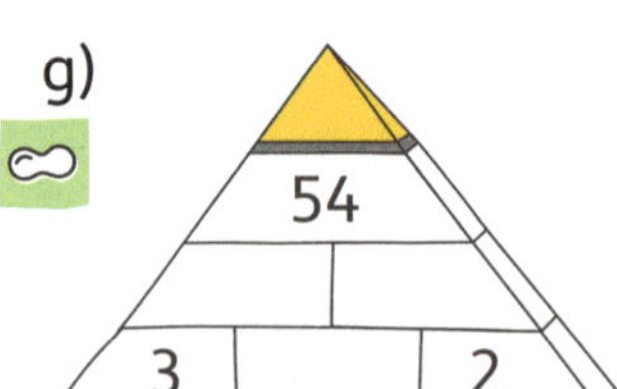

h)

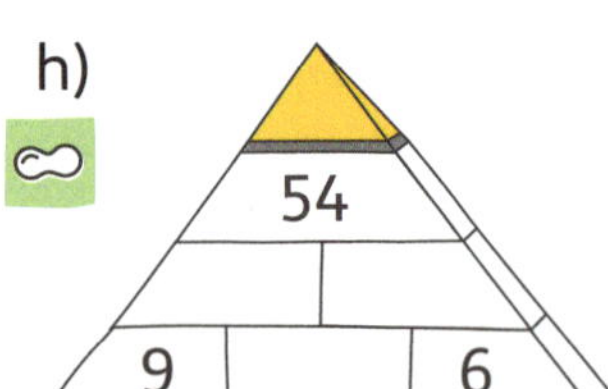

1–2 Erarbeitung aller Multiplikationsaufgaben mit 9 unter Nutzung der Kernaufgaben. **4** KV nutzen.

AH 69 **KV** 75–76 219–220, 237–238

1

0 · 7
1 · 7
2 · 7
3 · 7
4 · 7
5 · 7
6 · 7
7 · 7
8 · 7
9 · 7
10 · 7

Schreibe die Siebenerzahlen auf. a) vorwärts: 0, 7, 14, ... b) rückwärts: 70, 63, ...

2 a) Nutze die Kernaufgaben. Wie rechnest du?

9 · 7
3 · 7
6 · 7
4 · 7
8 · 7

Max
10 · 7 = 70
9 · 7 = ___

Paula
10 · 7 = 70
1 · 7 = 7
9 · 7 = ___

b) Löse Gleichungen.

___ · 7 = 14	___ · 7 = 21
___ · 7 = 35	___ · 7 = 42
___ · 7 = 7	___ · 7 = 28
___ · 7 = 49	___ · 7 = 63
___ · 7 = 70	___ · 7 = 56

c) Nutze die Tauschaufgabe.

7 · 2	7 · 6
7 · 4	7 · 9
7 · 3	7 · 8

7 · 2 = ___
2 · 7 = 14

d)

7 · ___ = 21	7 · ___ = 42
7 · ___ = 0	7 · ___ = 56
7 · ___ = 14	7 · ___ = 63
7 · ___ = 7	7 · ___ = 28

3 a)

7 : 7	21 : 7	28 : 7
14 : 7	42 : 7	63 : 7
35 : 7	49 : 7	56 : 7
70 : 7	0 : 7	42 : 7

b)

14 : ___ = 2	70 : ___ = 7
21 : ___ = 3	49 : ___ = 7
49 : ___ = 7	35 : ___ = 7
56 : ___ = 8	7 : ___ = 7

4 Wie viele Wochen sind es?

7 Tage · 21 Tage · 35 Tage

49 Tage · 14 Tage · 70 Tage

28 Tage · 42 Tage · 63 Tage

77 Tage · 84 Tage

98 Tage · 91 Tage

5

Pitt
Meine Zahl gehört zur 8er- und zur 7er-Reihe.

Liana
Meine Zahl gehört zur 7er- und zur 5er-Reihe.

Max
Ich denke mir zwei Zahlen, die zwischen 40 und 50 liegen und zur 7er-Reihe gehören.

Jonas
Ich denke mir drei Zahlen, die zwischen 25 und 30 liegen und nicht zur 7er-Reihe gehören.

1

·	0	1	2	3	4	5	6	7	8	9	10
0	0·0	0·1	0·2	0·3	0·4	0·5	0·6	0·7	0·8	0·9	0·10
1	1·0	1·1	1·2	1·3	1·4	1·5	1·6	1·7	1·8	1·9	1·10
2	2·0	2·1	2·2	2·3	2·4	2·5	2·6	2·7	2·8	2·9	2·10
3	3·0	3·1	3·2	3·3	3·4	3·5	3·6	3·7	3·8	3·9	3·10
4	4·0	4·1	4·2	4·3	4·4	4·5	4·6	4·7	4·8	4·9	4·10
5	5·0	5·1	5·2	5·3	5·4	5·5	5·6	5·7	5·8	5·9	5·10
6	6·0	6·1	6·2	6·3	6·4	6·5	6·6	6·7	6·8	6·9	6·10
7	7·0	7·1	7·2	7·3	7·4	7·5	7·6	7·7	7·8	7·9	7·10
8	8·0	8·1	8·2	8·3	8·4	8·5	8·6	8·7	8·8	8·9	8·10
9	9·0	9·1	9·2	9·3	9·4	9·5	9·6	9·7	9·8	9·9	9·10
10	10·0	10·1	10·2	10·3	10·4	10·5	10·6	10·7	10·8	10·9	10·10

a) Beschreibe die 1 · 1 Tafel.
Was bedeuten die Farben?
Diese Wörter helfen dir:

Kernaufgaben | Aufgaben mit Null | Quadratzahlaufgaben | restliche Aufgaben

b) Welche Aufgaben stehen in den 4 Ecken?

c) Welche Aufgabe steht genau in der Mitte?

d) Rechne alle Aufgaben in der 4. Zeile.

e) Rechne alle Aufgaben in der 6. Spalte.

f) Bei welchen Zeilen sind alle Ergebnisse gerade Zahlen? Erkläre.

g) Bei welchen Spalten sind alle Ergebnisse ungerade Zahlen? Erkläre.

2 a) Rechne auch die Tauschaufgabe.

2 · 1	6 · 3	8 · 4	9 · 5
2 · 1 = ▢ 1 · 2 = ▢	9 · 2	0 · 10	3 · 9
	1 · 8	4 · 6	5 · 7

b) Zeige beide Aufgaben auf der 1 · 1 Tafel. Was fällt dir auf?

3 Wie heißen die Nachbaraufgaben in den freien Feldern? Rechne.

3 · 5 | 7 · 2 | 5 · 8 | 2 · 9

6 · 6 | 9 · 1 | 4 · 3 | 8 · 4

1–3 Orientieren auf der 1 · 1 Tafel. Erkennen von Anordnungsprinzipien und Zusammenhängen. **3** KV nutzen.

1

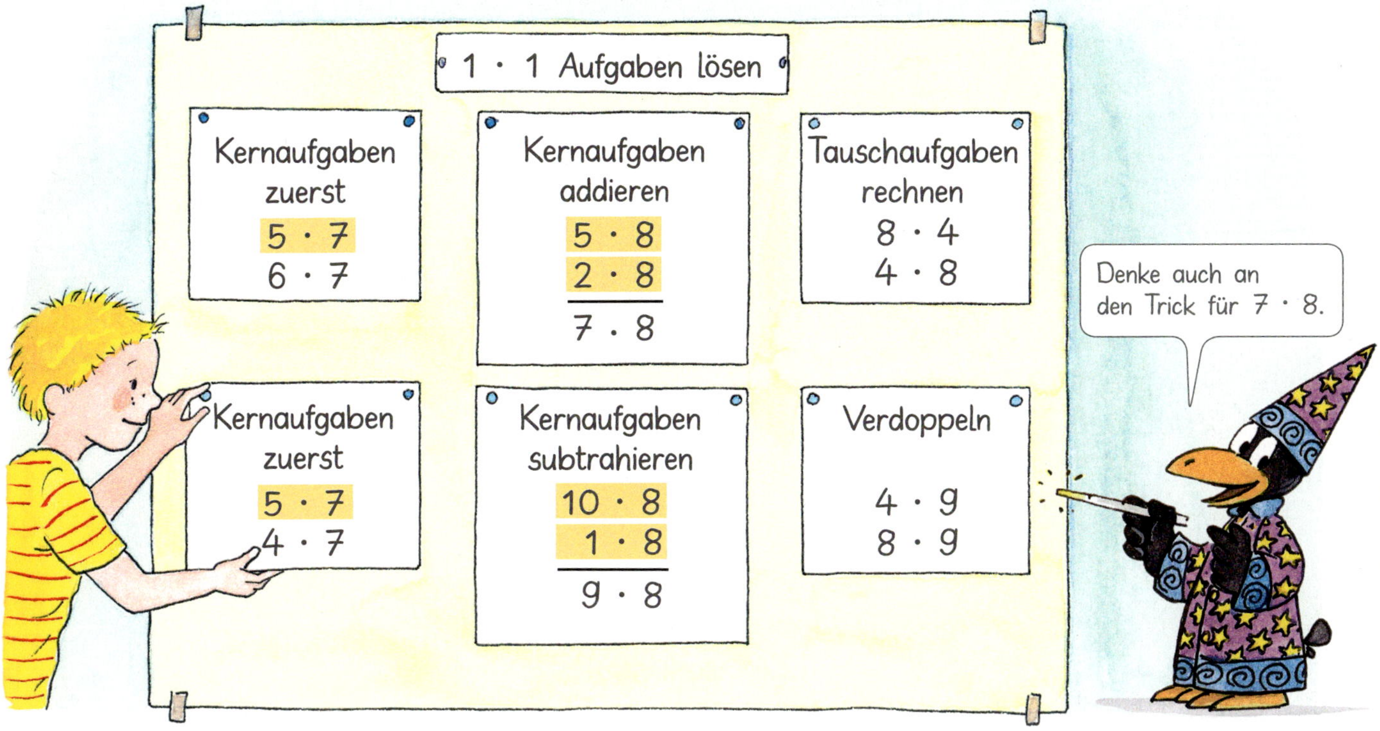

2 a) Nutze Kernaufgaben.

6 · 8 4 · 8 8 · 7
6 · 9 4 · 9 9 · 8

b) Setze aus Kernaufgaben zusammen.

7 · 4 7 · 9 9 · 6
7 · 3 9 · 7 9 · 4

c) Rechne die Tauschaufgabe.

8 · 5 7 · 2 10 · 6
5 · 1 9 · 3 8 · 4

d) Wie rechnest du hier?

7 · 6 3 · 9 9 · 5
3 · 8 7 · 8 8 · 9

3 **Das Einmaleins-Spiel**

Ihr braucht: 2 Würfel, 20 rote Plättchen, 20 blaue Plättchen

Würfle.

Bilde eine Malaufgabe und rechne.

Decke das Ergebnisfeld mit deiner Farbe ab.

Ist das Feld schon mit der anderen Farbe belegt, drehe das Plättchen um.

Gewinner ist, wer am Ende mehr Felder abgedeckt hat.

1	2	3	4	5
6	8	9	10	12
15	16	18	20	24
	25	30	36	

1 Zusammenstellung von Möglichkeiten, 1 · 1 Aufgaben zu lösen. Die Nutzung der Kernaufgaben betonen. **3** KV mit Ergebnisfeldern für das Einmaleins-Spiel.

1

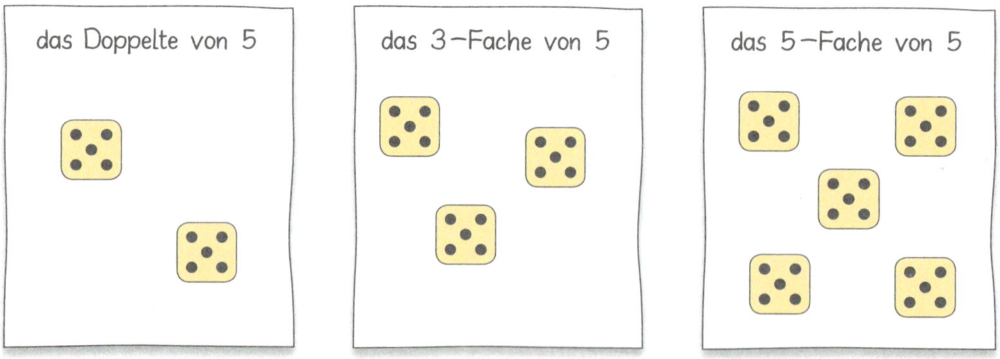

a) Schreibe noch 3 andere Vielfache von 5 auf.
b) Schreibe jeweils 5 Vielfache auf: von 3, von 6, von 8, von 10.
c) Schreibe 5 Zahlen auf, die nicht Vielfache von 2 sind.
d) Wie heißt jeweils das 8-Fache von 4, von 7, von 9?

2 Felix und Nadine haben gewürfelt und daraus Aufgaben zusammengesetzt:

das 10-Fache von 3
10 · 3 = ▢

das 9-Fache von 2
9 · 2 = ▢

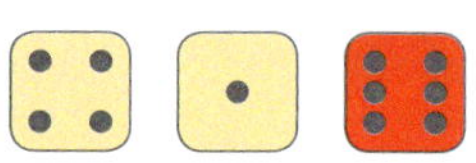

das ▢-Fache von ▢
▢ · ▢ = ▢

Würfle selbst und rechne viele Aufgaben.

3 a) Tine und Ron haben 20 Würfel. Sie bauen gleich hohe Türme.
Kein Würfel darf übrig bleiben. Es gibt mehrere Möglichkeiten.

b) Welche gleich hohen Türme könnt ihr aus 12 Würfeln bauen?

4 Schreibe die Teiler der Zahlen auf.

2

2 : 1 = 2
2 : 2 = 1

3   4   5   6   14   15

7   8   9   10   16   18

1 Einführung der Begriffe „Vielfaches" und „Teiler".

1

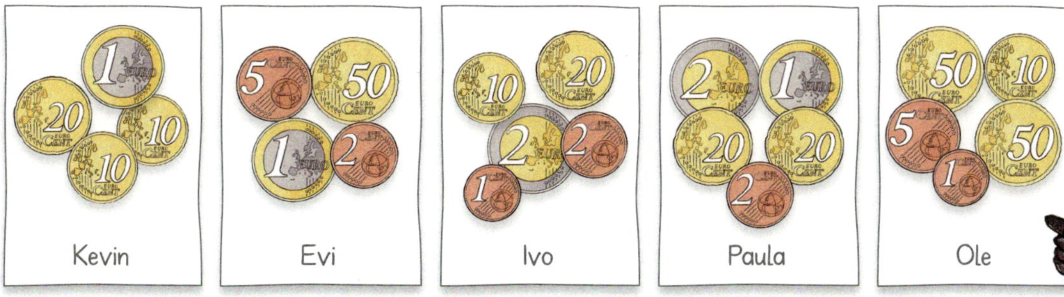

a) Wie viel Geld hat jedes Kind? Lege und rechne.
Schreibe in Euro und Cent.

Kevin: 1 € 40 ct

b) Wer hat am meisten, wer am wenigsten Geld?

!

1 Euro = 100 Cent

1 € = 100 ct

2 Lege die Geldbeträge.
Wie viel fehlt bis 2 Euro?

1 € 35 ct + ___ ct = 2 €

1 € 35 ct	1 € 19 ct	1 € 9 ct
1 € 58 ct	1 € 6 ct	1 € 59 ct

3 Thora bezahlt mit einem 5-Euro-Schein.
Wie viel Geld bekommt sie jeweils zurück?

4 € 75 ct + ___ ct = 5 €

4 € 75 ct	3 € 15 ct	49 ct
1 € 50 ct	2 € 3 ct	99 ct

4 Geldbeträge schreibt man oft mit Komma.

a) Schreibe mit Komma:

1 € 24 ct = 1,24 €

1 € 24 ct	10 € 1 ct
2 € 99 ct	12 € 51 ct
6 € 50 ct	15 € 9 ct

b) Lege. Schreibe mit € und ct.

1,55 € = 1 € 55 ct

1,55 €	7,61 €	4,02 €
2,83 €	8,24 €	0,79 €
6,40 €	3,33 €	0,80 €

5

Kugel Eis	75 ct	Nussbecher	2,40 €
Portion Sahne	60 ct	Früchtebecher	2,85 €
Schokoguss	20 ct	Fruchtgummi	1,70 €
Bunte Streusel	10 ct	Schokofrüchte	2,50 €

a) Anton kauft sich eine Kugel Erdbeereis mit Schokoguss.
b) Paula kauft sich einen Nussbecher mit Sahne.
c) Jule nimmt das Gleiche wie Anton.
d) Erfinde eigene Aufgaben.

1 Geldbeträge ermitteln und vergleichen. Bündelung von Euro und Cent. **5** Fragen finden, Informationen aus dem Bild entnehmen, lösen und beantworten.

AH 73 265, 267 – 268

1

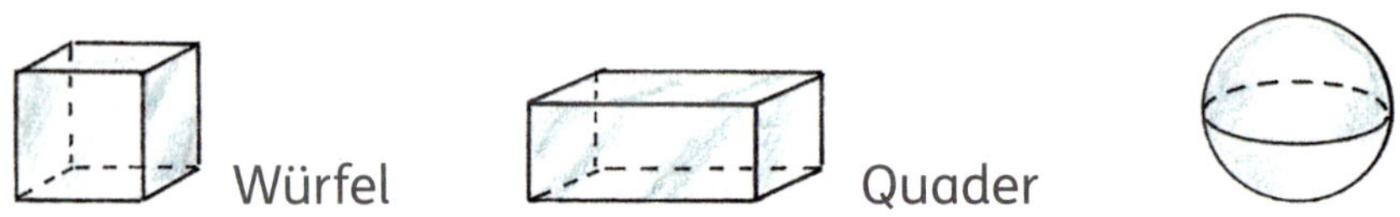

2 Stelle selbst Körper her.

a) Forme aus Knete.

b) Baue mit Papier, Knete und Stäbchen.

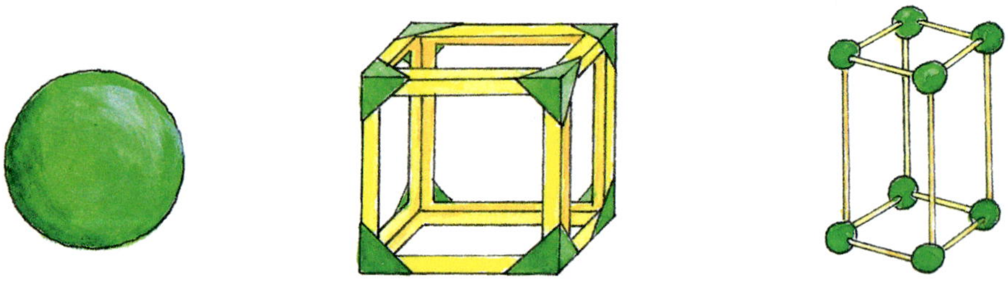

3 a) Wie viele Ecken, Kanten und Flächen hat ein Würfel?

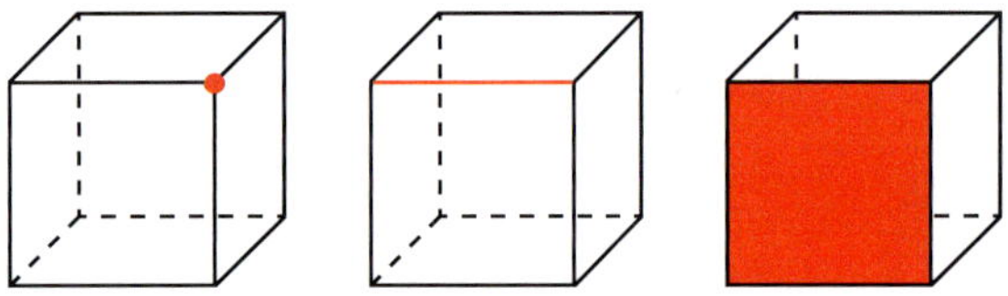

b) Erstelle Körpersteckbriefe.

	Würfel
Anzahl der Ecken	
Anzahl der Kanten	
Anzahl der Flächen	
Form der Flächen	
Beispiele aus der Umwelt	

4 Schreibe Gegenstände auf, die wie ein Würfel, ein Quader oder eine Kugel aussehen:

a) in der Sporthalle,
b) im Supermarkt,
c) zu Hause,
d) auf dem Spielplatz.

5

2 Körper- und Kantenmodelle herstellen. Für Papiermodell KV nutzen. **3** Begriffe Ecke, Kante, Fläche erarbeiten. Für Steckbriefe KV nutzen. **4** Beispiele aus der Umwelt in Körpersteckbrief eintragen. **5** Gegenstände aus der Lebenswelt ertasten.

AH 74 **KV** 83–84 314–320

1 Auf dem Tisch stehen Körper. Welches Kind sieht was?

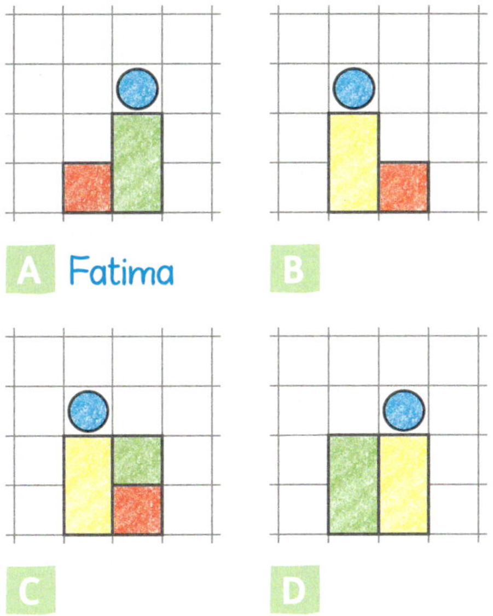

2 Wer sieht was?

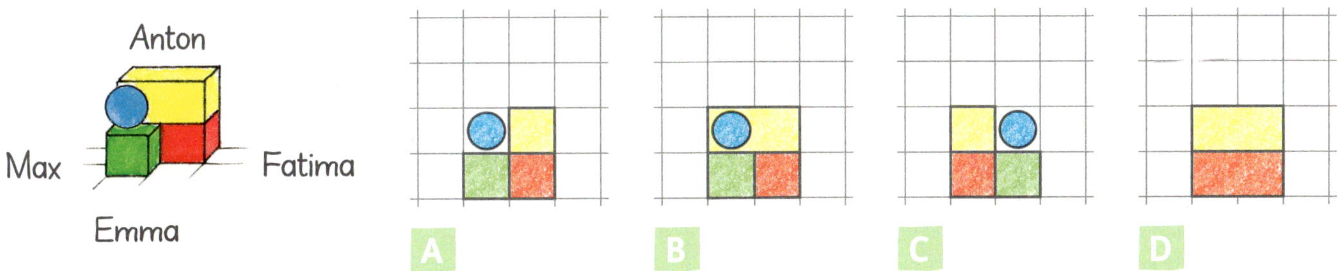

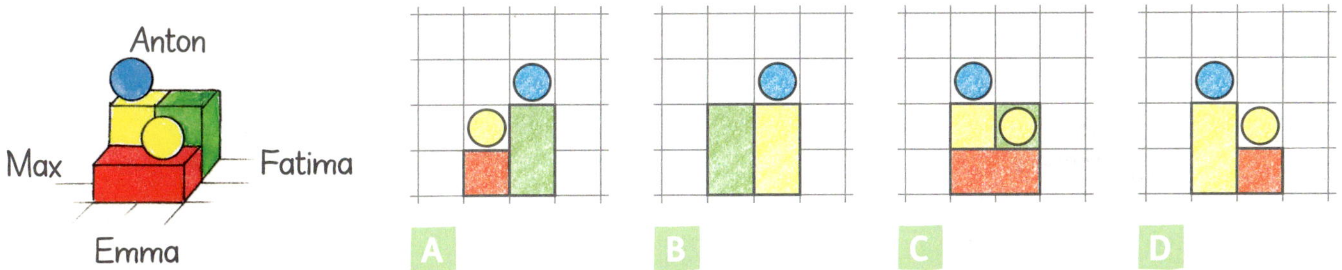

3 Zeichne die Ansichten und färbe.

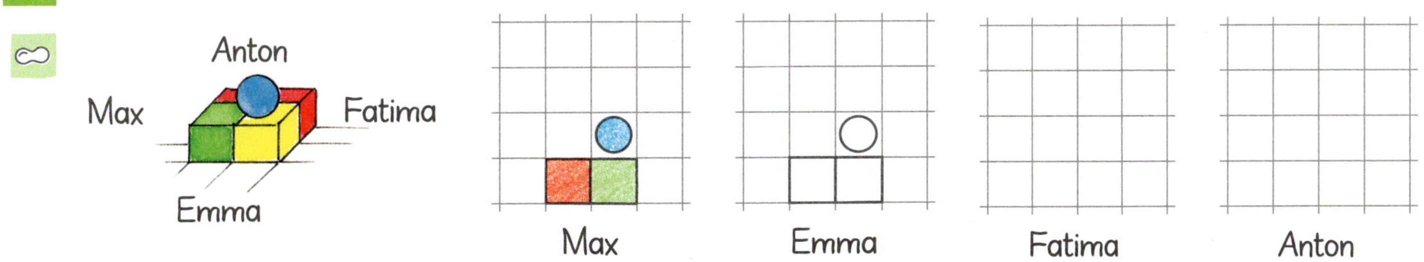

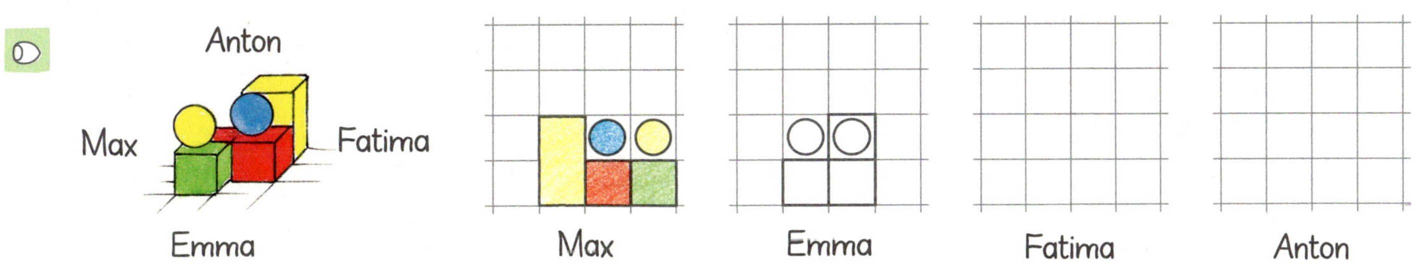

1–3 Ansichten beschreiben und den Betrachterstandorten zuordnen. Evtl. mit Bauklötzen/aus Knete geformten Körpern Situationen nachstellen. Zeichnungen ins Heft übertragen evtl. vergrößertes Kästchenraster verwenden (KV).

Bauen und rechnen

1

2 Wie viele Würfel sind es? Schreibe verschiedene Rechnungen.

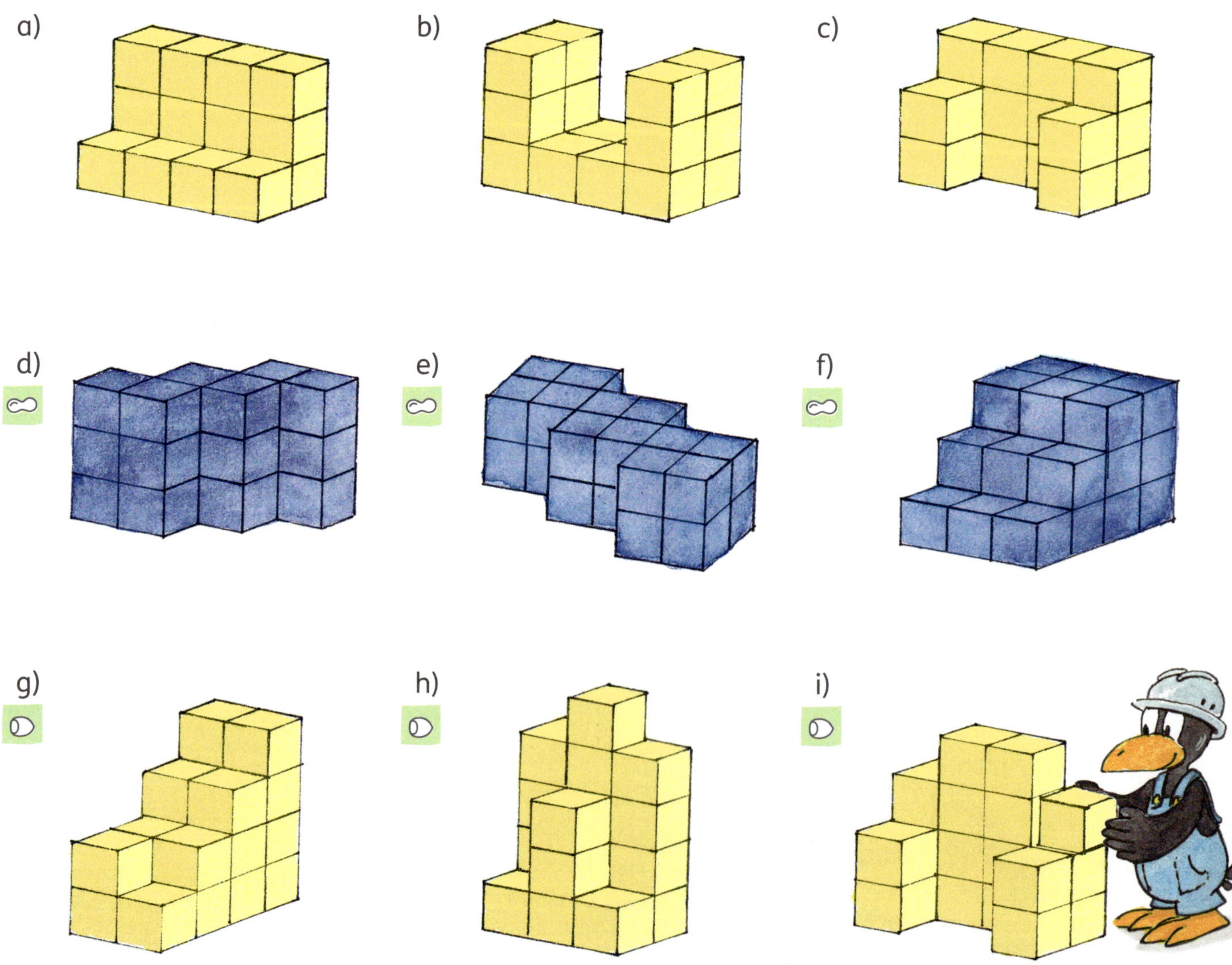

1 Anzahlen der Würfel bestimmen. Unterschiedliche Betrachtungsweisen führen zu unterschiedlichen Rechnungen (KV). **2** Die Würfelanzahl jeweils durch mehrere Rechnungen bestimmen, dabei verdeckte Würfel berücksichtigen. Gebäude evtl. nachbauen.

KV 86 331

1 Finde verschiedene Wege.

2 Finde zu jedem Labyrinth 3 Wege vom Eingang zum Ausgang.

a)

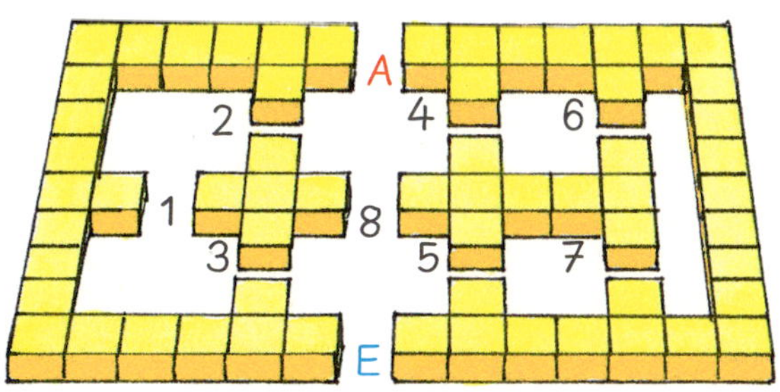

b)

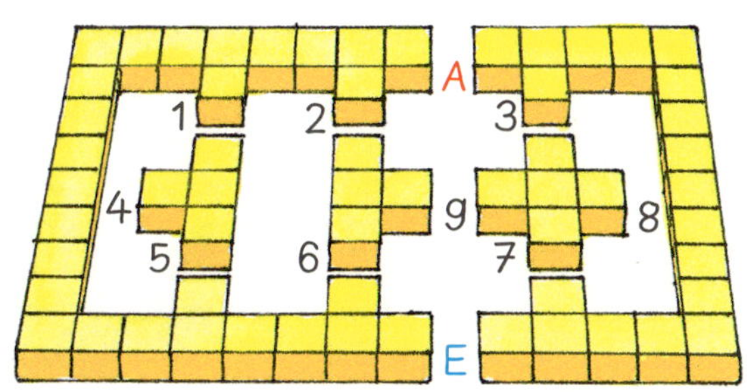

c)

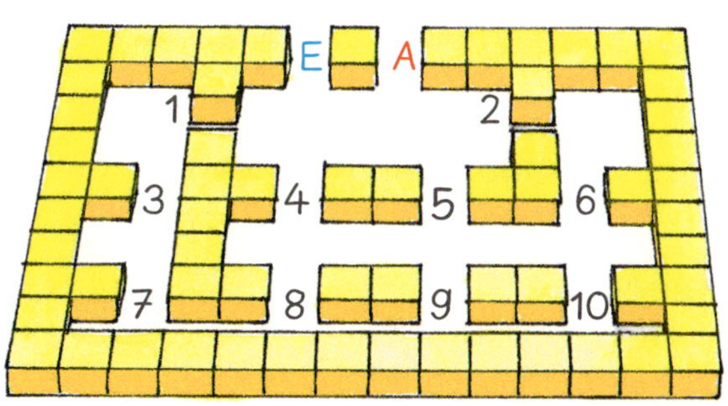

d)

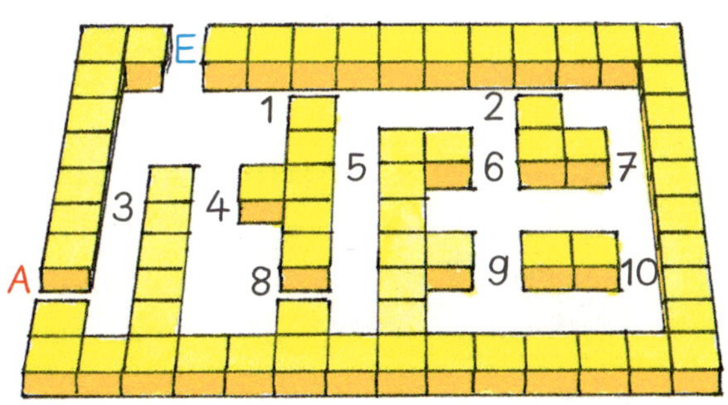

3 Finde verschiedene Wege zur Krone. Addiere alle Zahlen auf deinem Weg.

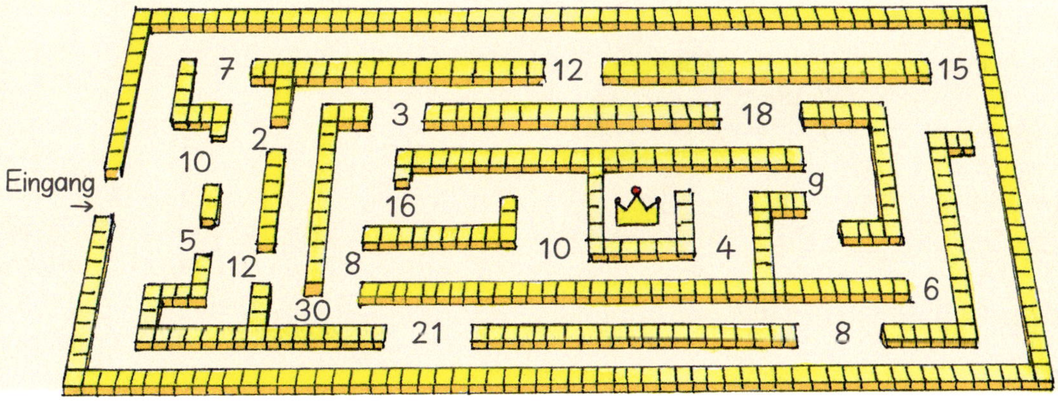

Ergebnis möglichst klein

Ergebnis möglichst groß

Würfelcity

1 a) Wie viele Würfel sind es?

b) Vergleiche.

Was haben die Gebäude 1 und 3 gemeinsam?

Wodurch unterscheiden sich die Gebäude 4 und 5?

Wodurch unterscheiden sich die Gebäude 6 und 7?

2 a) Welche Gebäude gehören zu diesen Bauplänen? Zeichne sie in dein Heft.

Nr.

2	2	2	2
2			2

Nr.

2	1	1	2
2	1	1	2

Nr.

3	1
2	

Nr.

3
2
1

b) Zeichne auch die Baupläne zu den Gebäuden Nr. 6 bis 10 in dein Heft.

1 Würfelanzahlen der Gebäude 1 bis 10 bestimmen, Gebäude miteinander vergleichen. Dabei auch verdeckte Würfel berücksichtigen. **2** Prinzip des Bauplans (bezifferter Grundriss) verstehen. Baupläne den Würfelgebäuden zuordnen.
Baupläne für alle Gebäude 1–10 zeichnen.

3 Welcher Name passt zu welchem Bauplan? Überlege zuerst. Baue dann.

a)

6	6
6	6

b)

3	3	3
3		3
3	3	3

c)

1	2	3	4	5
1	2	3	4	5

d)

4	4	4
2	1	2

e)

4	2	2	4
2			2
4	2	2	4

f)

4	4	4	4	4
2	1	1	1	2

Brunnen Sessel Sofa Burg Treppe Turm

4 Baue Gebäude nach Bauplan.

Anton

4	3	2	1
1	2	3	4

Bente

3	3	2	2
2	2	3	3

Celine

4	1	4
3	1	3
2	1	2

Dennis

3	3	3
3	3	3
3	3	3

5 Zeichne Baupläne für verschiedene Gebäude aus 8 Würfeln.

3 Gebäude anhand der Baupläne in der Vorstellung erzeugen (Kopfgeometrie), Namen zuordnen und die Zuordnung begründen. **4** Zu dargestellten bzw. eigenen Bauplänen Gebäude errichten. **5** Mit begrenzter Würfelanzahl Baupläne/Gebäude gestalten.

KV 89 327 – 331

1 Zerlege Formen mit einem oder zwei geraden Schnitten.

2 Zerlege die Formen mit einem geraden Schnitt in die angegebenen Formen.

a)

- 2 gleich große Dreiecke
- 2 verschieden große Rechtecke
- 2 gleich große Rechtecke
- 1 Dreieck und 1 Viereck

b)

- 2 gleich große Dreiecke
- 2 verschieden große Rechtecke
- 2 gleich große Rechtecke
- 1 Dreieck und 1 Fünfeck

c)

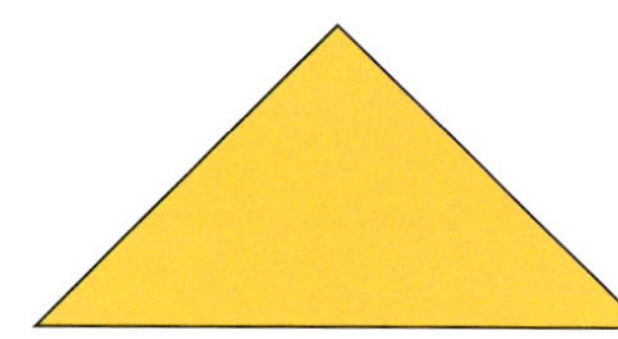

- 2 gleich große Dreiecke
- 2 verschieden große Dreiecke
- 1 Dreieck und 1 Viereck

3 Kann das stimmen? Überprüfe durch Schneiden.

a) Aus meinem Quadrat habe ich mit 2 Schnitten 3 Dreiecke gemacht.

b) Mit 2 Schnitten habe ich 3 Rechtecke aus meinem Quadrat hergestellt.

c) Mein Quadrat habe ich mit einem Schnitt in 4 Quadrate zerschnitten.

d) Aus einem Rechteck mache ich mit einem Schnitt 2 gleich große Dreiecke.

e) Mit 2 Schnitten zerlege ich mein Dreieck in ein großes und 2 kleine Dreiecke.

f) Ich habe ein Rechteck mit 2 Schnitten in 2 Dreiecke und ein Quadrat zerlegt.

Eine Aussage ist falsch.

1–2 Durch gerade Schnitte Formen zerlegen (evtl. Faden als Hilfe auf die Figur legen). Vorgehensweise und entstandene Formen präzise beschreiben. **3** Aussagen zunächst auf der Vorstellungsebene überprüfen, anschließend durch Handlung.

AH 76 KV 90–92

Mit Blickrichtungen arbeiten

1 Max hat auf der Bootsfahrt viele Fotos gemacht.
Von wo hat er welches Foto gemacht?

A

B

C

D

E

F

G

H

I

J

K

L

M

N

1 Standort des Fotografen den Fotos zuordnen. Zuordnungen durch Beschreibung der einzelnen Ansichten begründen. Zur Erläuterung die unterschiedlichen Ansichten evtl. mit Hilfe von Steckwürfeln oder Spielmaterialien veranschaulichen.

1 Spanne und zeichne. Überprüfe mit dem Spiegel.

86

a) 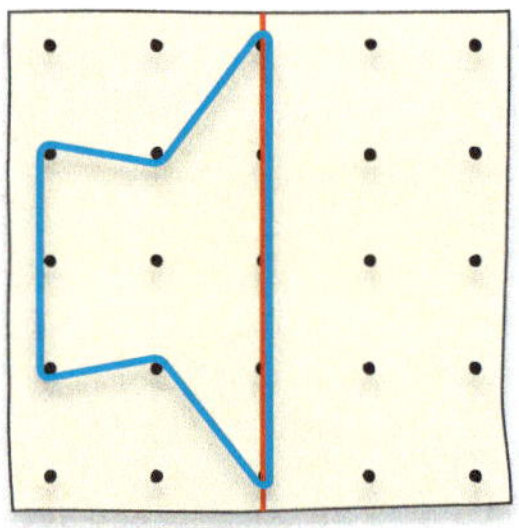

b) 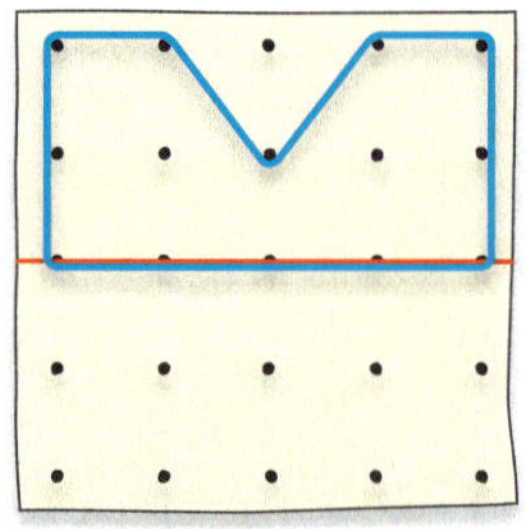

c) 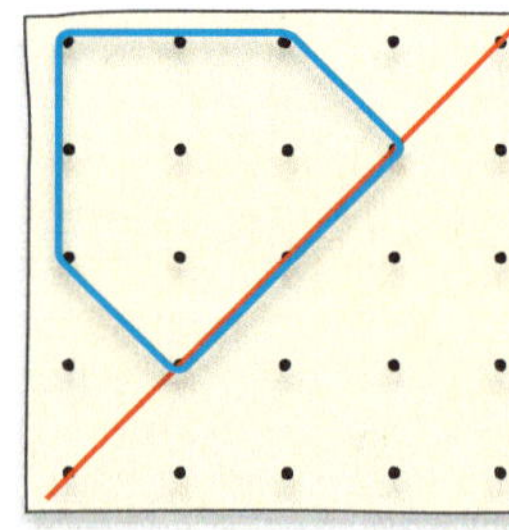

d) 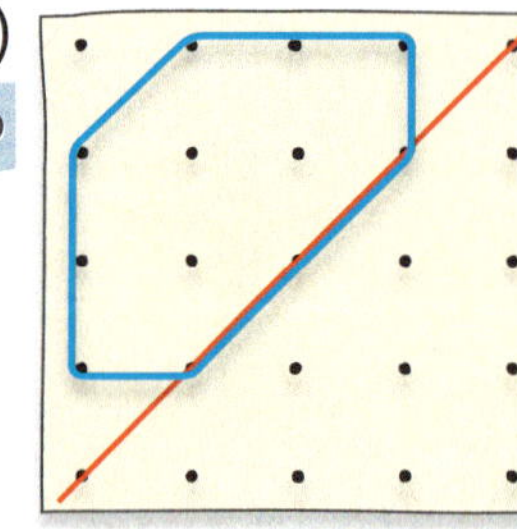

2

89
90

a)	b)	c)	d)	e)	f)
1 • 4	3 • 4	8 : 4	1 • 8	3 • 8	8 : 8
2 • 4	7 • 4	20 : 4	2 • 8	7 • 8	24 : 8
5 • 4	4 • 4	32 : 4	5 • 8	4 • 8	64 : 8
10 • 4	9 • 4	24 : 4	10 • 8	9 • 8	56 : 8
0 • 4	6 • 4	36 : 4	0 • 8	6 • 8	32 : 8

3

92
93

a)	b)	c)	d)	e)	f)
1 • 3	3 • 3	9 : 3	1 • 6	3 • 6	18 : 6
2 • 3	7 • 3	15 : 3	2 • 6	7 • 6	48 : 6
5 • 3	4 • 3	6 : 3	5 • 6	4 • 6	54 : 6
10 • 3	9 • 3	24 : 3	10 • 6	9 • 6	30 : 6
0 • 3	6 • 3	18 : 3	0 • 6	6 • 6	42 : 6

4

94
95

a)	b)	c)	d)	e)	f)
1 • 9	3 • 9	18 : 9	1 • 7	3 • 7	21 : 7
2 • 9	7 • 9	45 : 9	2 • 7	7 • 7	7 : 7
5 • 9	4 • 9	36 : 9	5 • 7	4 • 7	42 : 7
10 • 9	9 • 9	27 : 9	10 • 7	9 • 7	56 : 7
0 • 9	6 • 9	72 : 9	0 • 7	6 • 7	70 : 7

5 Wie viel Geld haben die Kinder? Lege nach. Schreibe in Euro und Cent und mit Komma.

99

6 Wie viele Würfel sind es? Schreibe verschiedene Rechnungen.

102

a) 

b) 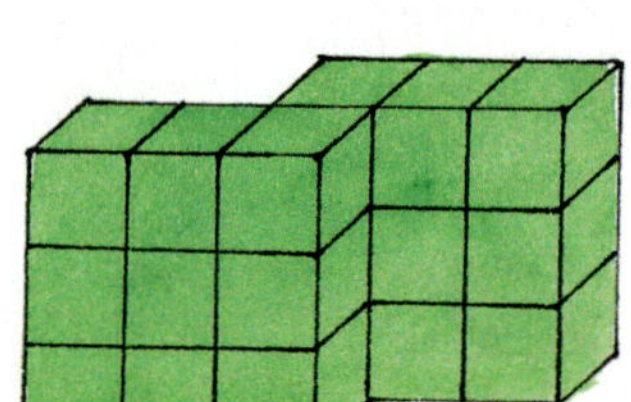

c) 

1–6 Wiederholung des aktuellen Stoffes. **1** KV nutzen.

AH 78 **KV** 71–74, 86, 113–115

1 Wie spät ist es? Schreibe jeweils beide Uhrzeiten auf.

1.1

a) 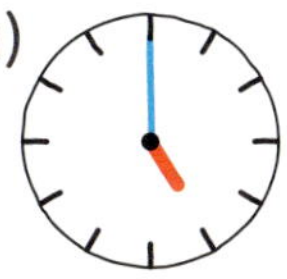
b) 
c) 
d) 
e) 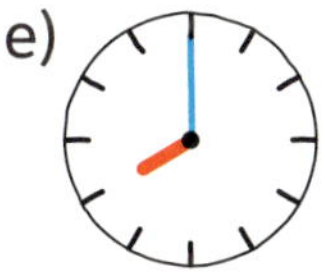
f) 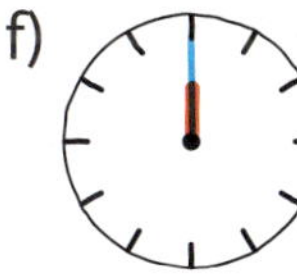

2

34 35

a)	b)	c)	d)	e)	f)
35 + 8	77 + 9	48 + 3	42 − 3	81 − 8	93 − 9
37 + 9	76 + 8	47 + 6	45 − 8	83 − 6	95 − 7
34 + 8	78 + 7	43 + 9	43 − 7	82 − 7	92 − 6
38 + 6	79 + 9	45 + 9	47 − 9	85 − 9	94 − 9
42 43 44 45 46	84 85 86 87 88	51 52 53 54 55	35 36 37 38 39	73 74 75 76 77	84 85 86 87 88

3

39

a)
20 + 12 | +
15 + 30 |
+ | 77

b)
33 + 21 | +
20 + 25 |
+ | 99

c)
30 + 32 | +
23 + 9 |
+ | 94

d)
13 + 41 | +
22 + 21 |
+ | 97

4 Emma überlegt, was sie anziehen möchte.
Wie viele verschiedene Möglichkeiten gibt es jeweils? Löse mit einer Tabelle.

43

a) Sie wählt eine Hose und ein T-Shirt.

b) Sie möchte auf jeden Fall eine kurze Hose anziehen.

c) Sie möchte nichts Blaues anziehen.

d) Sie möchte nichts Grünes und nichts Gelbes anziehen.

5 Zeichne auf Gitterpapier:

58 59

a) 3 verschieden große Rechtecke.
Miss die Länge jeder Seite.

b) 3 verschieden große Quadrate.
Miss die Länge jeder Seite.

c) Kreise mit einem Radius von 30 mm und 45 mm Länge.

d) Kreise mit einem Durchmesser von 8 cm und 12 cm Länge.

1 Rechenkonferenz

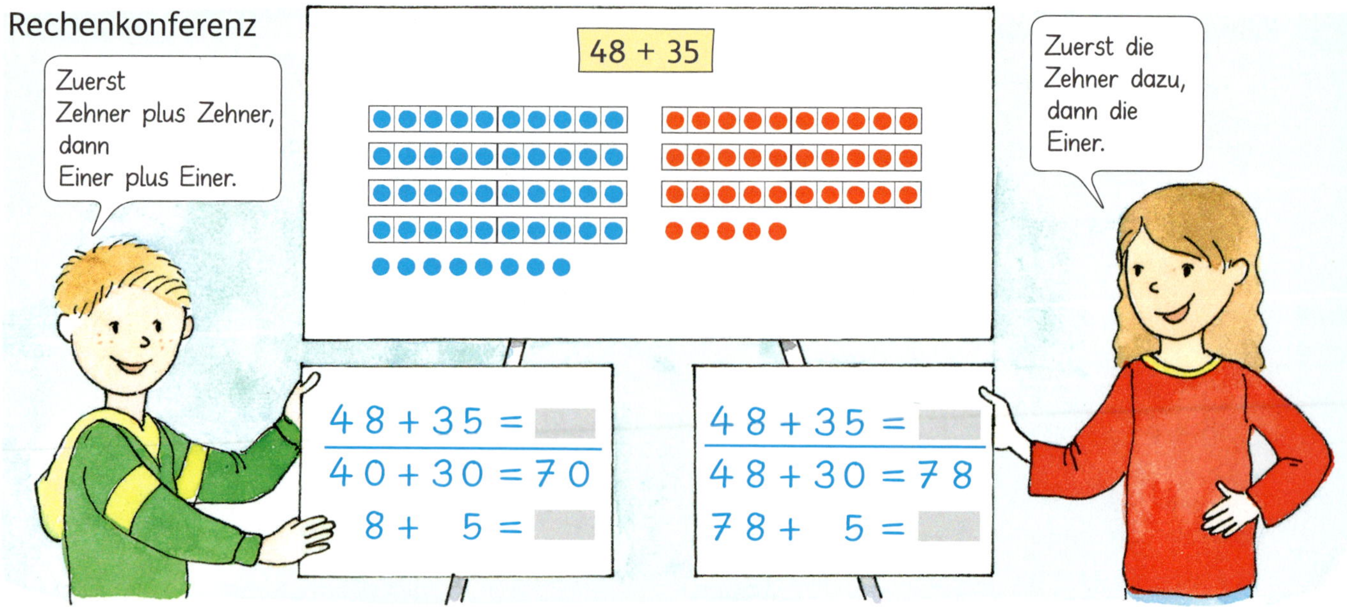

2 Wie rechnest du? Erkläre deinem Partner 5 Aufgaben.

a)	b)	c)	d)	e)
33 + 38	47 + 14	18 + 54	76 + 15	15 + 84
33 + 28	37 + 24	19 + 55	17 + 63	35 + 58
33 + 26	35 + 57	31 + 39	48 + 36	12 + 79
33 + 29	67 + 16	56 + 17	67 + 14	64 + 26
33 + 27	49 + 27	44 + 48	25 + 58	13 + 68
57 59 60	48 61 61	64 70 72	80 81 83	81 90 91
61 62 71	76 83 92	73 74 92	84 85 91	93 97 99

3 Finde die Rechenfehler. Schreibe die Aufgaben richtig auf.

a)	b)	c)	d)
18 + 24 = 42	14 + 38 = 52	27 + 49 = 82	30 + 66 = 69
15 + 36 = 51	13 + 59 = 73	89 + 11 = 100	69 + 22 = 91
37 + 29 = 68	75 + 16 = 91	33 + 58 = 93	57 + 42 = 99
39 + 51 = 90	46 + 34 = 80	12 + 77 = 89	88 + 9 = 96
65 + 19 = 71	27 + 57 = 74	86 + 11 = 97	43 + 56 = 98

4

- 14 | 7 | 42
- 12 | 36 | 8
- 59 | 11 | 9
- 6 | 45 | 4
- 31 | 17 | 13
- 53 | 16 | 14
- 5 | 4 | 82
- 21 | 25 | 23
- 30 | 23 | 18
- 47 | 0 | 26
- 59 | 7 | 20
- 38 | 16 | 29

1–2 Verschiedene Lösungswege für das halbschriftliche Addieren kennenlernen, vergleichen und individuell anwenden. **3** Fehler finden und verbessern.

1 Finde alle passenden Aufgaben.

17	24	45
21	28	51
23	47	64
36	55	83

6

☐ + ☐ = ☐

19	26	61
35	37	65
39	46	72
45	52	91

6

☐ + ☐ = ☐

2

a) 17 + 13 + 9
41 + 32 + 8
45 + 11 + 6
7 + 37 + 53
19 + 62 + 4

39 55 62
81 85 97

b) 10 + 46 + 35
53 + 20 + 27
30 + 37 + 14
42 + 28 + 20
16 + 40 + 39

72 81 90
91 95 100

c) 18 + 51 + 24
29 + 33 + 37
22 + 15 + 48
12 + 29 + 36
27 + 11 + 43

77 81 85
93 99 100

d) 34 + 16 + 29
53 + 22 + 17
46 + 15 + 25
19 + 18 + 56
37 + 26 + 14

77 79 80
86 92 93

3 Setze >, < oder = ein.

a) 18 + 14 ◯ 35
17 + 51 ◯ 24
44 + 13 ◯ 56
22 + 19 ◯ 48
19 + 62 ◯ 90

b) 79 ◯ 47 + 35
85 ◯ 33 + 38
67 ◯ 37 + 53
54 ◯ 29 + 36
43 ◯ 18 + 25

c) 12 + 47 ◯ 15 + 43
54 + 26 ◯ 36 + 44
23 + 65 ◯ 74 + 21
36 + 28 ◯ 25 + 39
75 + 19 ◯ 57 + 36

4

33 + 16		
+ +	+	
28 + 22		
+		☐

17 + 19		
+ +	+	
26 + 25		
+		☐

26 + 31		
+ +	+	
17 + 19		
+		☐

35 + 13		
+ +	+	
16 + 18		
+		☐

25 + 18		
+ +	+	
27 + 14		
+		☐

13 + 29		
+ +	+	
18 + 22		
+		☐

18 + 34		
+ +	+	
32 + 16		
+		☐

31 + 19		
+ +	+	
11 + 33		
+		☐

1–4 Eingeführte Rechenstrategien flexibel anwenden. **2** Auf vorteilhaftes Rechnen mit 3 Summanden hinweisen.

1 Rechenkonferenz

2 Wie rechnest du? Erkläre deinem Partner 5 Aufgaben.

a)	b)	c)	d)	e)
46 − 27	34 − 17	61 − 53	83 − 25	91 − 56
46 − 29	54 − 17	43 − 25	94 − 56	82 − 34
46 − 28	84 − 17	55 − 17	75 − 48	74 − 28
46 − 26	44 − 17	73 − 59	86 − 36	65 − 39
46 − 38	94 − 17	85 − 48	67 − 29	47 − 47
8 17 18	17 27 37	8 14 18	9 27 38	0 26 35
19 20 39	46 67 77	37 38 77	38 50 58	46 48 59

3 Finde die Rechenfehler. Schreibe die Aufgaben richtig auf.

a)	b)	c)	d)
54 − 35 = 19	53 − 27 = 26	61 − 44 = 18	76 − 49 = 24
47 − 29 = 18	65 − 19 = 46	83 − 58 = 25	62 − 26 = 36
72 − 28 = 44	81 − 43 = 37	96 − 39 = 57	87 − 38 = 49
85 − 67 = 17	92 − 34 = 38	70 − 23 = 48	51 − 51 = 0
66 − 59 = 7	78 − 59 = 19	52 − 26 = 26	86 − 68 = 18

4

Pyramide	oben	Mitte	unten
1	36	8, _	4, _, _
2	49	11, _	5, _, _
3	54	_, 17	_, _, 9
4	67	_, 45	_, _, 33
5	73	24, _	_, 15, _
6	85	_, 56	_, 18, _
7	92	48, _	_, 17, _
8	98	_, 67	_, 26, _
9	100	61, _	_, _, _
10	100	52, _	_, _, _
11	100	78, _	_, _, _
12	100	34, _	_, _, _

1–2 Verschiedene Lösungswege für das halbschriftliche Subtrahieren kennenlernen, vergleichen und individuell anwenden. Emma: Das Verfahren wird thematisiert, damit die Schüler für die Schwierigkeit bei diesem Verfahren sensibilisiert werden.
3 Fehler finden und verbessern.

AH 81 **KV** 4–5 201–202

1 Finde alle passenden Aufgaben.

51	36	13
63	37	24
84	38	48
86	39	49

5

▭ − ▭ = ▭

42	14	17
43	25	29
74	27	47
76	28	48

4

▭ − ▭ = ▭

2

a) 64 − 25 − 6
56 − 5 − 38
82 − 46 − 7
57 − 31 − 8
93 − 9 − 65

13 18 19
23 29 33

b) 68 − 29 − 10
77 − 40 − 18
86 − 50 − 27
75 − 39 − 30
93 − 26 − 20

6 9 11
19 29 47

c) 53 − 34 − 11
47 − 28 − 12
61 − 36 − 21
48 − 19 − 23
56 − 11 − 17

1 4 6
7 8 28

d) 82 − 43 − 29
74 − 15 − 18
73 − 46 − 19
91 − 44 − 27
100 − 79 − 12

1 8 9
10 41 20

3 Setze >, < oder = ein.

a) 18 − 14 ◯ 5
41 − 25 ◯ 24
56 − 18 ◯ 46
92 − 19 ◯ 73
85 − 67 ◯ 19

b) 29 ◯ 74 − 35
45 ◯ 93 − 46
21 ◯ 87 − 58
36 ◯ 61 − 24
43 ◯ 94 − 55

c) 52 − 34 ◯ 45 − 16
64 − 26 ◯ 63 − 25
71 − 47 ◯ 74 − 38
86 − 28 ◯ 97 − 49
75 − 19 ◯ 57 − 28

4

a)

9		
5		7

Immer **24**.

b)

	10	6
		8

Immer **30**.

c)

		9
18		6

Immer **36**.

d)

	4	
8		16

Immer **60**.

e)

	25	
10	45	

Immer **75**.

f)

36		
	30	
	54	

Immer **90**.

1–4 Eingeführte Rechenstrategien flexibel anwenden. **2** Auf vorteilhaftes Rechnen mit 2 Subtrahenden hinweisen.

AH 82 **KV** 10–11 201–202

Klecksaufgaben

1 Rechenkonferenz

2

a)
● + 25 = 42
● + 41 = 64
● + 69 = 88
● + 53 = 75
● + 69 = 96

b)
● − 35 = 48
● − 43 = 37
● − 84 = 13
● − 59 = 26
● − 72 = 14

c)
62 + ● = 83
45 + ● = 74
53 + ● = 96
27 + ● = 89
18 + ● = 67

3 Finde die fehlenden Zahlen und Rechenzeichen.

a)
66 − ● = 27
● + 39 = 85
● − 14 = 79
61 + ● = 94
17 + ● = 76

b)
● + 31 = 58
15 ● 26 = 41
21 ● 72 = 93
67 − ● = 28
73 − 54 = ●

c)
● ● 15 = 92
57 − ● = 23
76 ● ● = 97
● − 47 = 17
11 ● ● = 76

d)
27 ● 28 = ●
● + 46 = 85
41 ● ● = 29
64 + ● = 99
100 ● ● = 76

4

a)
70 ● 48 = 2●
65 ● ● = 46
● ● 25 = 38
81 − ● = 27
96 ● 37 = ●

b)
52 ● ●8 = 100
33 ● ●7 = 16
4● ● 14 = 27
● ● 5 = 42
21 + ●9 = 60

c)
6● ● 18 = 84
4● ● 19 = 7
28 + 1● = ●4
33 ● ●5 = 78
16 ● ●3 = 89

1–4 Klecksaufgaben/Gleichungen: Unter den Klecksen sind Rechenzeichen oder Zahlen versteckt. Lösungsstrategien entwickeln. Rechenwege und Lösungsmöglichkeiten finden und besprechen. **4** Bei einigen Aufgaben gibt es 2 Lösungen.

1 Rechenkonferenz

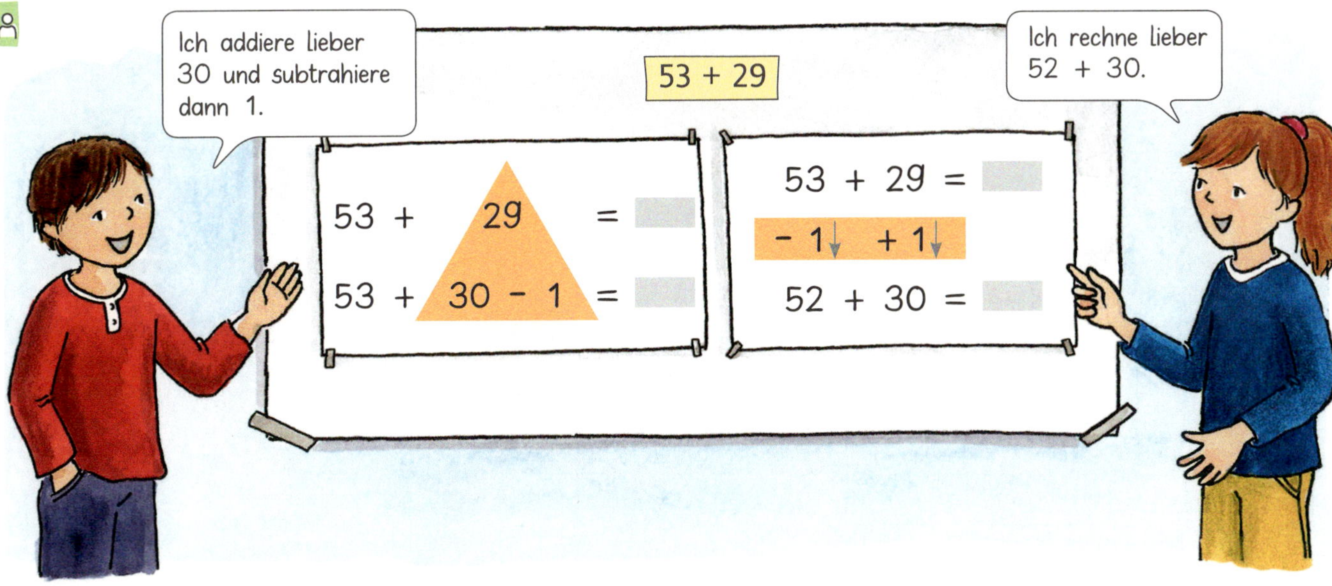

2 Wie rechnest du? Erkläre deinem Partner 5 Aufgaben.

a)	b)	c)	d)	e)
43 + 29	39 + 53	69 + 26	63 + 29	37 + 58
34 + 29	29 + 26	49 + 34	73 + 19	29 + 71
56 + 29	49 + 44	25 + 19	59 + 27	46 + 51
35 + 29	19 + 56	59 + 17	64 + 18	79 + 19
45 + 29	59 + 22	46 + 39	15 + 38	32 + 64

3 Rechne vorteilhaft.

a)	b)	c)
11 + 35 + 19	34 + 13 + 26	24 + 45 + 16
19 + 46 + 11	42 + 11 + 28	56 + 23 + 14
21 + 38 + 19	55 + 26 + 15	28 + 29 + 32
21 + 23 + 49	43 + 29 + 17	3 + 67 + 10
29 + 27 + 41	16 + 58 + 14	44 + 31 + 9

4 Rechne vorteilhaft.

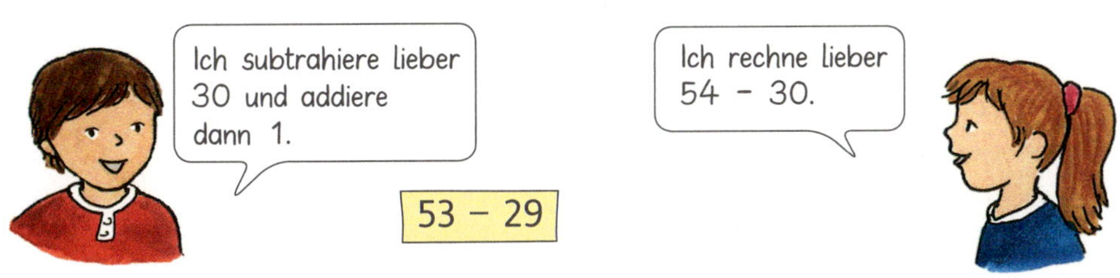

a)	b)	c)	d)	e)
53 − 19	43 − 29	56 − 28	57 − 22 − 19	67 − 19 − 14
26 − 19	57 − 39	67 − 28	84 − 35 − 39	89 − 26 − 49
64 − 19	76 − 59	93 − 18	96 − 49 − 23	95 − 33 − 29
33 − 19	84 − 69	85 − 18	78 − 15 − 29	81 − 9 − 52
73 − 19	96 − 49	56 − 38	45 − 7 − 19	100 − 69 − 21

1–4 Möglichkeiten des vorteilhaften Rechnens besprechen und anwenden.

Mit Texten arbeiten

1 Die Kinder der 2a haben Aufgaben für ihre Klassenbücherei geschrieben.
a) Lies dir jeden Text genau durch.

Ich lese am liebsten Tierbücher. Auch die 26 Märchenbücher gefallen mir gut. Es sind 8 Märchenbücher mehr als Tierbücher. 6 Tierbücher sind schon über 50 Jahre alt. Wie viele Tierbücher gibt es?
Christian

Es gibt 26 Märchenbücher. Das sind 8 mehr als Tierbücher. Wie viele Tierbücher gibt es?
Melinda

Das Regal unserer Klassenbücherei hat 6 Fächer. Ganz unten stehen Tierbücher. Darüber stehen 15 Indianerbücher. Es gibt 8 Märchenbücher mehr als Tierbücher, nämlich 26 Stück. Die stehen ganz oben. Wie viele Tierbücher gibt es?
Toni

b) Vergleiche die Texte. Was fällt dir auf?
c) Welche Angaben sind zum Lösen der Aufgabe wichtig? Welche sind unnötig?

2 Die Kinder wollten alle Angaben unterstreichen, die zum Lösen der Aufgabe wichtig sind.
Welches Kind hat jeweils die richtigen Textteile unterstrichen? Begründe.
Löse die Aufgaben und schreibe eine Antwort (F-L-A).

a)

In der Bücherei der Klasse 2b gibt es 94 Bücher. Es gibt 32 Märchenbücher. Bei den 21 Kindern sind die Tierbücher noch beliebter. Von den Tierbüchern gibt es 5 weniger als Märchenbücher. Wie viele Tierbücher gibt es?
Louis

In der Bücherei der Klasse 2b gibt es 94 Bücher. Es gibt 32 Märchenbücher. Bei den 21 Kindern sind die Tierbücher noch beliebter. Von den Tierbüchern gibt es 5 weniger als Märchenbücher. Wie viele Tierbücher gibt es?
Maleen

In der Bücherei der Klasse 2b gibt es 94 Bücher. Es gibt 32 Märchenbücher. Bei den 21 Kindern sind die Tierbücher noch beliebter. Von den Tierbüchern gibt es 5 weniger als Märchenbücher. Wie viele Tierbücher gibt es?
Trax

b)

Auch die 23 Kinder der Klasse 2c haben eine Bücherei. Sie haben 15 Tierbücher. Piratenbücher gibt es 3 weniger. Am beliebtesten ist das Buch „Der schwarze Pirat". Das war dieses Jahr schon 12-mal ausgeliehen. Außerdem gibt es noch 20 Märchenbücher und halb so viele Indianerbücher. Wie viele Bücher gibt es insgesamt?
Chiara

Auch die 23 Kinder der Klasse 2c haben eine Bücherei. Sie haben 15 Tierbücher. Piratenbücher gibt es 3 weniger. Am beliebtesten ist das Buch „Der schwarze Pirat". Das war dieses Jahr schon 12-mal ausgeliehen. Außerdem gibt es noch 20 Märchenbücher und halb so viele Indianerbücher. Wie viele Bücher gibt es insgesamt?
Karim

Auch die 23 Kinder der Klasse 2c haben eine Bücherei. Sie haben 15 Tierbücher. Piratenbücher gibt es 3 weniger. Am beliebtesten ist das Buch „Der schwarze Pirat". Das war dieses Jahr schon 12-mal ausgeliehen. Außerdem gibt es noch 20 Märchenbücher und halb so viele Indianerbücher. Wie viele Bücher gibt es insgesamt?
Leon

1 Texte vergleichen und analysieren. **2** Überprüfen, bei welchem Text sinnvoll unterstrichen wurde. Aufgaben lösen und antworten.

AH 85

1 a) Mit welcher Gleichung kannst du die Aufgaben lösen? Begründe.

1 Auf einem Karussell sitzen 36 Kinder. Bei der nächsten Fahrt sind es 4 Kinder mehr.
Wie viele Kinder sind es nun?

2 In der Klasse 2c sitzen Kinder an 3 Sechsertischen. Alle Sechsertische sind besetzt. Weitere 4 Kinder sitzen an Zweiertischen.
Wie viele Kinder sind in der 2c?

3 Lenas Mama ist 36 Jahre alt. Ihr Papa ist 4 Jahre älter als ihre Mama.
Wie alt ist Lenas Papa?

3 · 6 + 4 = ☐

36 − 4 = ☐

36 + 4 = ☐

4 36 Kinder fahren mit dem Schulbus nach Hause. An der ersten Haltestelle steigen 4 Kinder aus.
Wie viele Kinder sind noch im Bus?

5 Von den 36 Bäumen im Stadtpark verlieren nur 4 im Winter ihre Blätter.
Wie viele Bäume im Stadtpark verlieren keine Blätter?

6 Im Kühlschrank stehen 6er-Eierschachteln. 3 sind voll, in einer sind nur noch 4 Eier.
Wie viele Eier sind im Kühlschrank.

b) Frage, löse und antworte.

2 a) Welche Kinder haben richtig überlegt? Erkläre.

Frau Richter kauft 6 Tiefkühlpizzen für jeweils 3 € und eine Kiste Limonade für 7 €.
Wie viel muss sie bezahlen?

Alex: 18 € + 7 € = ☐ €

Eric: 3 € + 7 € = 10 €
6 · 10 € = ☐ €

Sina: 3 € + 7 € = ☐ €

Sarah: 6 · 3 € = 18 €
1 · 7 € = 7 €
18 € + 7 € = ☐ €

b) Schreibe eine richtige Rechnung zu jeder Aufgabe. Vergleiche mit deinem Partner.

Naomi kauft in der Zoohandlung 4 Packungen Hundefutter für jeweils 4 € und ein Buch über Hundehaltung für 12 €.
Wie viel muss sie bezahlen?

Max bestellt für 9 Monate eine Kinderzeitschrift über Tiere für 3 € pro Monat und ein lustiges Comic-Heft für 2 € pro Monat.
Wie viel Geld gibt er dafür aus?

3 Wähle Rechnungen und schreibe passende Rechengeschichten dazu.

45 + 18

78 − 36

7 · 8

42 : 7

18 + 21 + 23

50 − 19 − 20

4 · 8 + 5

32 : 8 · 5

2 a) Passende Gleichungen erkennen und begründen. Nicht alle Gleichungen passen zur Aufgabe.

1 Wann vergeht für dich die Zeit langsam, wann schnell? Finde eigene Beispiele.

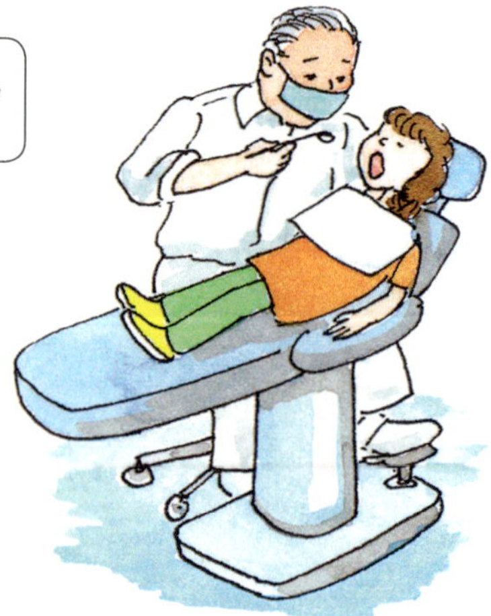

2 a) Wer in eurer Klasse kann am längsten ...
- auf den Zehenspitzen stehen?
- auf einem Bein stehen?
- den Nussknacker mit ausgestrecktem Arm halten?
- bewegungslos auf seinem Platz sitzen?
- die anderen anschauen ohne zu lachen?

b) Wer in eurer Klasse kann am schnellsten ...
- die Zahlen von 25 bis 50 aufschreiben?
- die Zahlen von 50 bis 75 rückwärts aufschreiben?
- einen Schuh binden?
- seine Schultasche komplett einräumen?

3 Ordne nach der Dauer von kurz nach lang.

a)

Schulstunde	große Pause
einmal klatschen	Ferien

einmal klatschen,

b)

Urlaub	Apfel essen
Kerze ausblasen	Kinobesuch

c)

Mittagessen	einmal gähnen
Zähne putzen	einmal zwinkern

4 Ordne zu.

a) 

b) 

c) 

d) 

e) 

f) 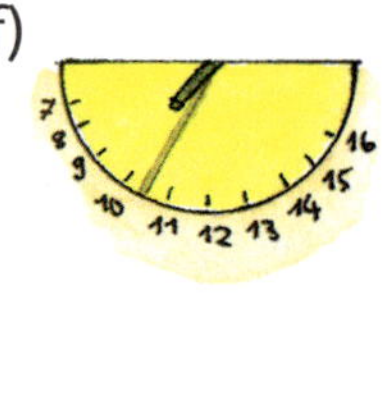

Sonnenuhr	Sanduhr	Wanduhr
Eieruhr	Stoppuhr	Radiowecker

1 Über unterschiedliches Zeitempfinden sprechen. **2** Zeitspannen enaktiv direkt vergleichen. **3** Tätigkeiten nach Dauer ordnen. **4** Verschiedene Zeitmesser zuordnen.

272

1 Baut euch einen der beiden Zeitmesser. So geht es:

Sanduhr

Ihr braucht:
2 gleiche Gläser mit Schraubverschluss, Kontaktkleber, 1 Nagel, 1 Hammer, feinen Sand (am besten Vogelsand), feste Unterlage

1. Klebt die Deckel der 2 Gläser zusammen.

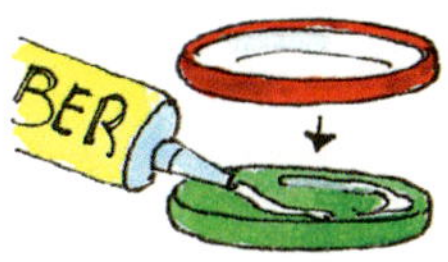

2. Schlagt mit dem Nagel ein Loch durch die Deckel. Benutzt dafür die feste Unterlage.

3. Füllt nun ein Glas mit Sand.

4. Schraubt die Sanduhr zusammen.

Pendel

Ihr braucht:
stabile Schnur, 1 Gewicht (z.B. Radiergummi, große Schraubenmutter), Schere

1. Schneidet von der Schnur ein 50 cm langes Stück ab.

2. Bindet das Gewicht an ein Ende der Schnur.

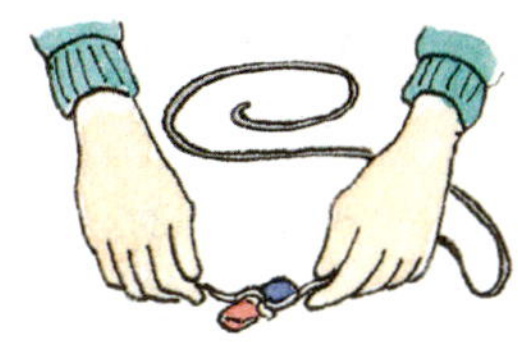

3. Jetzt könnt ihr das Pendel schwingen lassen. Die Hand, mit der ihr das Pendel haltet, muss immer ganz still sein!

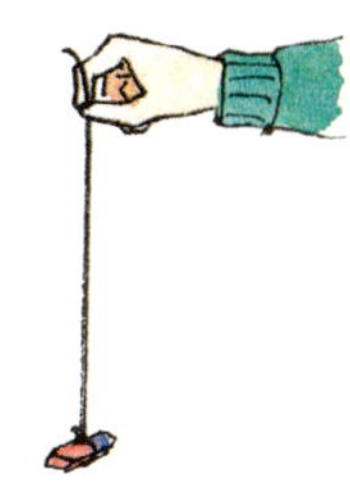

2 a) Was passiert, wenn du die Sandmenge veränderst?
b) Verändert eure Sanduhren so, dass sie gleich lang laufen.
c) Miss mit deiner Sanduhr. Schaffst du es bei einem Durchlauf
- das Alphabet aufzuschreiben?
- die Zahlen von 1 bis 100 aufzuschreiben?
- alle deine Sachen in deine Tasche zu packen?
- einmal um den Pausenhof zu laufen?
- einen schönen Trax zu malen?

3 a) Was passiert, wenn du dein Pendel so hältst, dass die Schnur kürzer ist?
b) Was passiert, wenn du ein schwereres Gewicht verwendest?
c) Was passiert, wenn du dein Pendel stärker pendeln lässt?
d) Miss mit deinem Pendel.

	geschätzt	gemessen
Schuhe binden		
ABC aufsagen		
7er-Reihe aufsagen		
Schultasche packen		

1 Einen Zeitmesser bauen. **2–3** Mit selbst gebauten Zeitmessern experimentieren und Zeitspannen messen. **2** b) Die Laufzeit der Sanduhr sollte etwa eine Minute betragen. Zum Eichen: Uhren gleichzeitig starten, auf Zeichen alle Uhren hinlegen und überschüssigen Sand entfernen.

Die Uhr

1 Bastle dir eine eigene Lernuhr. Stelle ein. Wie viele Minuten?

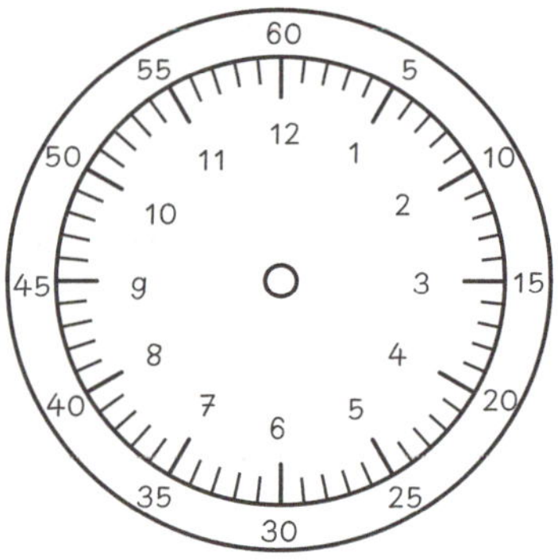

 1 Minute

 5 Minuten

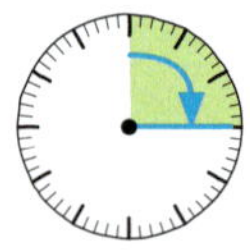 ▢ Minuten
eine Viertelstunde

 ▢ Minuten
eine halbe Stunde

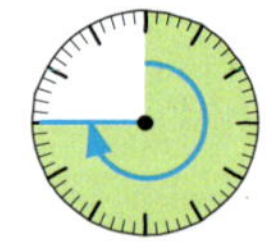 ▢ Minuten
eine Dreiviertelstunde

 ▢ Minuten
eine Stunde

> **!** Eine Stunde hat 60 Minuten.
> 1 h = 60 min

2 Wie viele Minuten?

a) 
b) 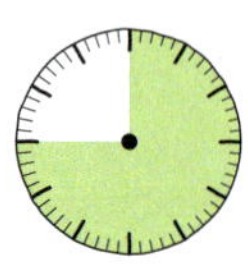
c) 
d) 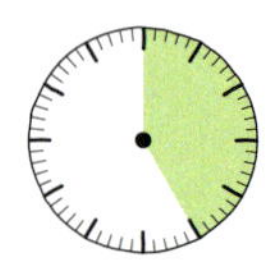
e) 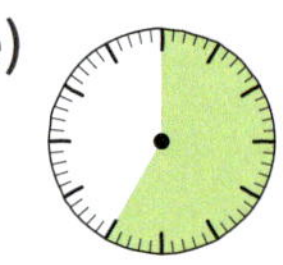
f) 

15 min

g) 
h) 
i) 
j) 
k) 

3 Stellt eure Lernuhren. Vergleiche mit deinem Partner.

Was habe ich falsch gemacht?

12.15 Uhr	14.30 Uhr	17.15 Uhr	11.30 Uhr	8.45 Uhr
	0.20 Uhr	10.50 Uhr	21.40 Uhr	3.55 Uhr

halb 7 | Viertel vor 1 | drei viertel 4

4 Welche Uhren zeigen dieselbe Zeit?

1 08:55
2 13:15
3 19:30
4 11:45
5 00:45
6 16:30

U 
N 
M 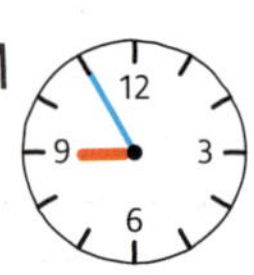
I 
E 
T 

5 Stelle deine Lernuhr und schreibe auf.

Wie spät ist es …
a) gerade auf dieser Uhr?
11.00 Uhr
b) in einer halben Stunde?
c) in 12 Stunden?
d) in 24 Stunden?
e) in 15 Minuten?
f) in einer Minute?

1–2 Unterteilung einer Stunde in Minuten kennenlernen und am Ziffernblatt mit Hölzchen oder an einer Lernuhr nachvollziehen (KV Lernuhr). **3** Uhrzeiten auf 5 min genau an Lernuhr einstellen. **4** Verschiedene Anzeigen zuordnen (Lösungswort finden). **5** Uhrzeiten einstellen und schreiben.

1

Beginn —— Dauer ——> Ende

11.00 Uhr —— __ h __ min ——> 14.30 Uhr

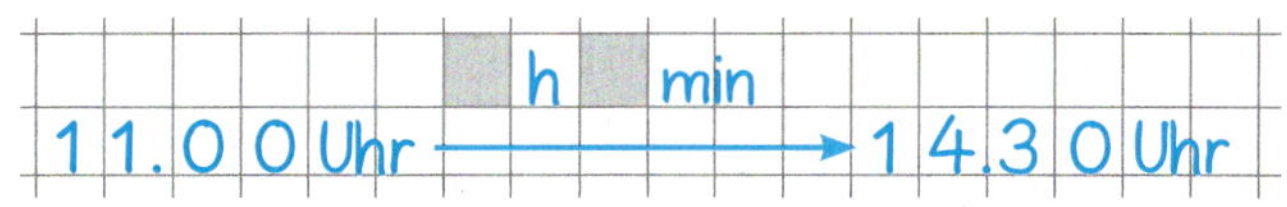

2 Schreibe Beginn und Ende in dein Heft, berechne die Dauer.

a)

 —— __ h __ min ——> 

 —— __ h __ min ——> 

b)

 —— __ h __ min ——> 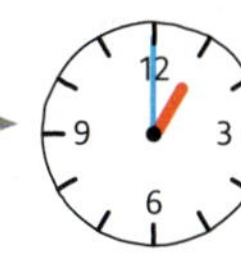

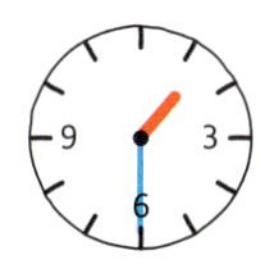 —— __ h __ min ——> 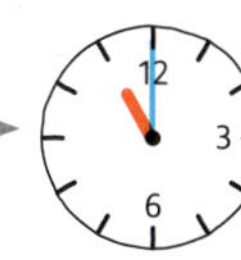

3

a)
8.00 Uhr —— __ h __ min ——> 12.30 Uhr
17.00 Uhr —— __ h __ min ——> 23.30 Uhr
14.30 Uhr —— __ h __ min ——> 18.00 Uhr
19.30 Uhr —— __ h __ min ——> 7.00 Uhr

b)
9.00 Uhr —— __ h __ min ——> 15.15 Uhr
8.30 Uhr —— __ h __ min ——> 19.30 Uhr
16.15 Uhr —— __ h __ min ——> 19.45 Uhr
21.45 Uhr —— __ h __ min ——> 2.15 Uhr

4 Wie lange dauert es?

a) Erstelle eine Tabelle und trage zu Hause Beginn und Ende der Tätigkeiten ein.

	Beginn	Dauer	Ende
Hausaufgaben machen	__ Uhr	__ h __ min	__ Uhr
zu Mittag essen	__ Uhr	__ h __ min	__ Uhr

b) Berechne jeweils die Zeitdauer.

- Hausaufgaben machen
- Mittagessen
- zur Schule gehen
- fernsehen
- nachmittags spielen
- duschen
- Kinderzimmer aufräumen
- __

1 Zeitpunkt (Uhrzeit) und Zeitdauer (Zeitspanne) unterscheiden. **2–4** Zeitspannen berechnen.

Teilen mit Rest

1

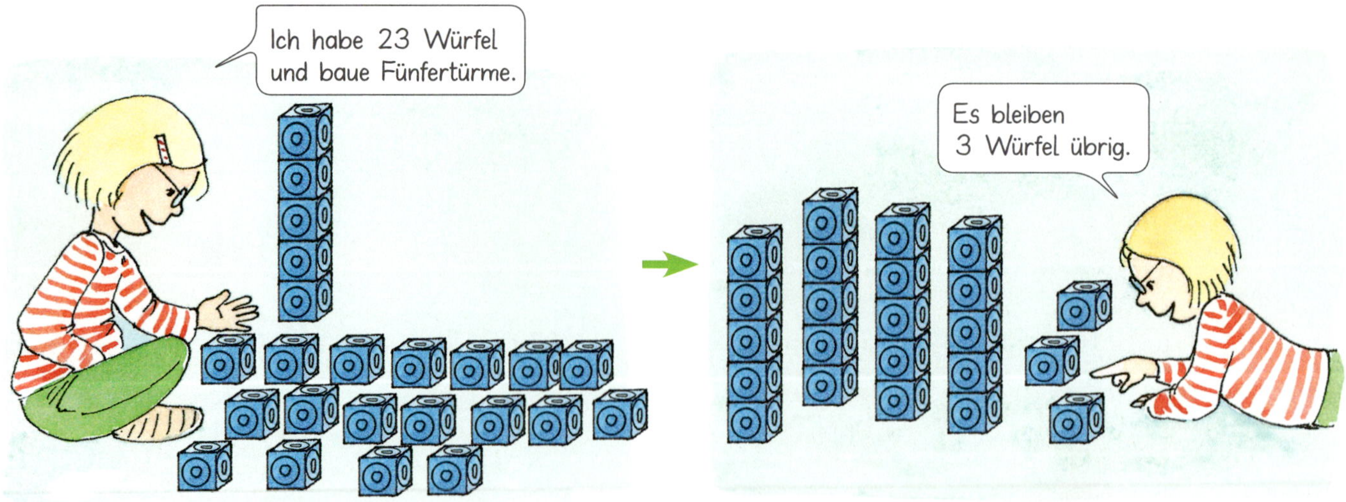

23 : 5 = 4 Rest 3

23 ist **kein** Vielfaches von 5. 5 ist **kein** Teiler von 23.

2 Baue und rechne. Wo bleiben Würfel übrig? Wie viele Würfel bleiben übrig?

7 : 2 = 3 Rest 1

a)	b)	c)	d)
7 : 2	7 : 3	7 : 4	7 : 5
11 : 2	11 : 3	11 : 4	11 : 5
14 : 2	14 : 3	14 : 4	14 : 5
15 : 2	15 : 3	16 : 4	15 : 5
19 : 2	19 : 3	19 : 4	19 : 5

3

a) Tina hat 33 Würfel.
Wie viele Siebenertürme kann sie bauen?
Wie viele Würfel bleiben übrig?

b) Tom hat 64 Würfel.
Wie viele Zehnertürme kann er bauen?
Wie viele Würfel bleiben übrig?

c) Anja hat 58 Würfel.
Wie viele Achtertürme kann sie bauen?
Wie viele Würfel bleiben übrig?

d) Paula hat 17 Würfel.
Welche Türme kann sie bauen, wenn am Ende ein Würfel übrig bleiben soll?

e) Luka hat 26 Würfel.
Welche Türme kann er bauen, wenn am Ende zwei Würfel übrig bleiben sollen?

f) Emma hat 40 Würfel.
Welche Türme kann sie bauen, wenn am Ende vier Würfel übrig bleiben sollen?

4 Ben hat mit Würfeln gebaut. Welche Divisionsaufgaben waren es? Bens Ergebnisse:

a) 6 Zweiertürme und 1 einzelner Würfel

6 · 2 = ☐
☐ + 1 = ☐
Die Aufgabe war ☐ : 2.

b) 3 Sechsertürme und 4 einzelne Würfel

c) 7 Vierertürme und 3 einzelne Würfel

d) 4 Achtertürme und 5 einzelne Würfel

e) 5 Fünfertürme und 1 einzelner Würfel

f) 9 Dreiertürme und 2 einzelne Würfel

g) 1 Neunerturm und 6 einzelne Würfel

 Einführung der Division mit Rest. Kennenlernen der Sprech- und Schreibweise. Rechengeschichten erzählen.

AH 89

1

18 : 4 = ▢ Rest ▢ *oder kurz* 18 : 4 = ▢ R ▢ !

2 Verteile Plättchen und rechne.

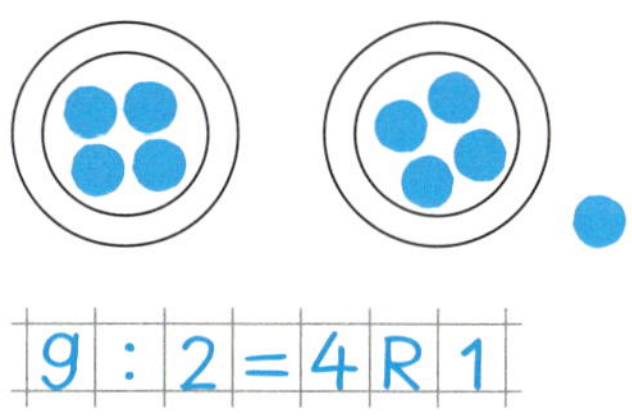

a)	b)	c)	d)
9 : 2	9 : 3	9 : 4	9 : 5
13 : 2	13 : 3	13 : 4	13 : 5
17 : 2	17 : 3	17 : 4	17 : 5
18 : 2	18 : 3	18 : 4	18 : 5
20 : 2	20 : 3	20 : 4	20 : 5

3 a) Anja verteilt 28 Waffeln auf 6 Teller. Wie viele Waffeln liegen auf jedem Teller? Wie viele Waffeln bleiben übrig?

b) Elias verteilt 37 Waffeln auf 8 Teller. Wie viele Waffeln liegen auf jedem Teller? Wie viele Waffeln bleiben übrig?

c) Hanna hat 25 Waffeln. Auf wie viele Teller kann sie die Waffeln verteilen, wenn am Ende immer genau eine Waffel übrig bleiben soll?

d) Louis hat 50 Waffeln. Auf wie viele Teller kann er die Waffeln verteilen, wenn am Ende immer genau zwei Waffeln übrig bleiben sollen?

4 Die Grundschule bekommt neues Arbeitsmaterial. Welche Materialien können gerecht an 4 Klassen verteilt werden? Schreibe Aufgaben und rechne.

40 Buntstifte	25 Blatt Faltpapier	30 Bleistifte	36 Blatt Velourpapier
20 Radiergummis	10 Malblöcke	45 Schreibblöcke	28 Spitzer

1 Einführung der verkürzten Restschreibweise. Rechengeschichten erzählen.

Zauberquadrate

1

	12	15	
8			11
7	9		4
14	3		13

Immer **30**.

	12	15	2
8			11
7	9		4
14	3		13

Immer 30.

2 a)

	13		3
9		4	
6		11	5
15		1	12

Immer **30**.

b)

13		3	
4	10		7
	5		8
2	15		1

Immer **30**.

c)

0			15
	13		3
11	6		4
7	10		

Immer **30**.

d)

17			8
6		9	19
7			18
	11	14	

Immer **50**.

e)

7			18
20	10		
	11	14	8
		12	

Immer **50**.

f)

	9	8	
10		7	
	11		6
12			5

Immer **50**.

3 A

15	1	2	12
4	10	9	7
8	6	5	11
3	13	14	0

Immer **30**.

a) Überprüfe, ob das Zauberquadrat A stimmt.

b) Addiere die Zahlen in den gleich farbigen Quadraten.
Beispiel: 15 + 1 + 4 + 10 = ▢ Was fällt dir auf?

c) Prüfe die anderen Farbmuster (B, C, D).

d) Finde eigene Muster.

B

15	1	2	12
4	10	9	7
8	6	5	11
3	13	14	0

Immer **30**.

C

15	1	2	12
4	10	9	7
8	6	5	11
3	13	14	0

Immer **30**.

D

15	1	2	12
4	10	9	7
8	6	5	11
3	13	14	0

Immer **30**.

1 Einführung von 4 × 4 Zauberquadraten. Die Summe der Zahlen jeder Zeile, Spalte und Diagonale ist gleich. **1–3** Aufgabenformat ins Heft übertragen oder KV nutzen.

AH 90 **KV** 12–13, 96

Mit Rechenmauern experimentieren

1

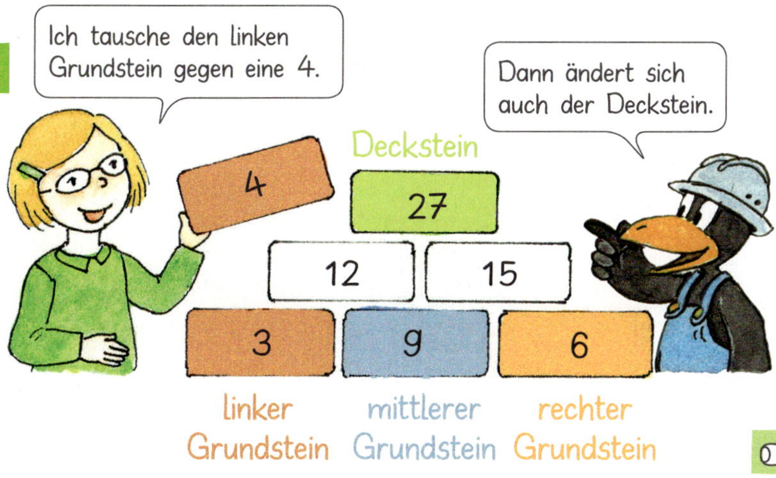

Was passiert im Deckstein?

a) Vergrößere im linken Grundstein die Zahl um 1 (um 2, um 3).

b) Vergrößere im mittleren Grundstein die Zahl um 1 (um 2, um 3).

c) Vergrößere im rechten Grundstein die Zahl um 1 (um 2, um 3).

d) Begründe.

2 Finde zuerst die Zahlen in den farbigen Feldern und trage sie ein. Überprüfe durch Rechnen.

a) Deckstein 35 – Grundsteine 5, 11, 8 | Deckstein _ – Grundsteine 6, 11, 8 | Deckstein _ – Grundsteine 5, 12, 8 | Deckstein _ – Grundsteine 5, 11, 9

b) Deckstein 57 – Grundsteine 15, 9, 24 | Deckstein _ – Grundsteine 17, 9, 24 | Deckstein _ – Grundsteine 15, 11, 24 | Deckstein _ – Grundsteine 15, 9, 26

c) Deckstein 91 – Grundsteine 21, 18, 34 | Deckstein _ – Grundsteine 19, 18, 34 | Deckstein _ – Grundsteine 21, 16, 34 | Deckstein _ – Grundsteine 21, 18, 32

d) Deckstein 81 – Grundsteine 23, 15, 28 | Deckstein 83 – Grundsteine _, 15, 28 | Deckstein 83 – Grundsteine 23, _, 28 | Deckstein 85 – Grundsteine 23, 15, _

e) Deckstein 96 – Grundsteine 14, 33, 16 | Deckstein 88 – Grundsteine _, 33, 16 | Deckstein 88 – Grundsteine 14, _, 16 | Deckstein 80 – Grundsteine 14, 33, _

3 Stimmt das? Überprüfe.

a) Vertauscht man die Zahlen in den Grundsteinen, dann ändert sich die Zahl im Deckstein nie.

b) Stehen in den Grundsteinen 3 gerade Zahlen, dann ist der Deckstein immer eine gerade Zahl.

c) Stehen in den Grundsteinen 3 ungerade Zahlen, dann ist der Deckstein immer eine ungerade Zahl.

d) Stehen in den Grundsteinen 3 gleiche Zahlen, dann ist der Deckstein 4-mal so groß wie eine der 3 Zahlen.

e) Stehen in den Grundsteinen 2 gerade und eine ungerade Zahl, dann ist die Zahl im Deckstein immer gerade.

f) Stehen in den Grundsteinen eine gerade und 2 ungerade Zahlen, dann ist die Zahl im Deckstein immer ungerade.

1 Bei 3-stufigen Rechenmauern die Zahlen der unteren Steine (Grundsteine) systematisch verändern. Auswirkung auf den oberen Stein (Deckstein) erkennen und erklären. **2** Erkenntnis aus **1** bei den Rechenmauern anwenden.
3 Weitere Experimentiervorschläge für 3-stufige Rechenmauern. **1–3** KV nutzen.

Mit Skizzen arbeiten

1 a) Ein 8 m langer Baumstamm wird mit 3 Schnitten in gleich große Stücke zersägt.
Wie groß ist jedes Stück?

Löse mit Hilfe einer Skizze.

F: Wie groß ist jedes Stück?

L:

8 : ▢ = ▢

A:

b) Ein 15 m langer Baumstamm wird mit 4 Schnitten in gleich große Stücke zersägt.
Wie groß ist jedes Stück?

c) Frau Neubrech braucht Springseile.
Dazu zerschneidet sie ein 18 m langes Seil mit 8 Schnitten in gleich große Stücke.
Wie lang ist jedes Springseil?

2 a) 5 Mädchen stellen sich nebeneinander auf: Rechts außen steht Petra. Zwischen Petra und Vivien steht nur Dora. Neben Vivien steht Jule und neben Jule steht Anne.
In welcher Reihenfolge stehen die Mädchen?

Löse mit Hilfe einer Skizze.

F: In welcher Reihenfolge stehen die Mädchen?

L: ▢ ▢ ▢ ▢ P

A:

b) 4 Jungs stellen sich nebeneinander auf:
Ganz links steht Flo. Ein Platz neben Flo steht Julian. Tom steht zwischen Julian und David.
In welcher Reihenfolge stehen die Jungs?

c) Jana ordnet 5 Buntstifte im Mäppchen ein:
Blau kommt nach links und rot nach rechts.
Zwischen gelb und rot liegt nur orange.
Zuletzt ordnet Jana grün ein.
In welcher Reihenfolge liegen die Stifte?

3 Zeichne eine passende Skizze und löse.

a) Im Bücherregal stehen 4 Bücher. Das Tierbuch steht zwischen dem Indianerbuch und dem Märchenbuch. Ganz rechts steht ein Bastelbuch. Das Märchenbuch steht nicht am Rand.
Wie sind die Bücher angeordnet?

b) Eric baut einen Steckwürfelturm.
Er beginnt mit einem Steckwürfel und steckt dann 11-mal einen Steckwürfel dazu.
Jetzt ist der Turm 24 cm hoch.
Wie hoch ist jeder Steckwürfel?

1–3 Formen von Skizzen als Lösungshilfe kennenlernen und anwenden.

1 a) Mia und Selma sammeln Murmeln.
Mia hat 5 Murmeln mehr als Selma.
Zusammen haben sie 21 Murmeln.
Wie viele Murmeln hat jede von ihnen?

Löse mit Hilfe einer Tabelle.

F: Wie viele Murmeln hat jede von ihnen?

L: +5

Selma	Mia	zusammen
1	6	7 f

A:

b) Bono und Julius sammeln Muggelsteine.
Bono hat 7 Muggelsteine mehr als Julius.
Zusammen haben sie 31 Muggelsteine.
Wie viele Steine hat jeder von ihnen?

c) Letizia und ihr Vater vergleichen ihr Alter.
Letizia ist 27 Jahre jünger als ihr Vater.
Zusammen sind sie 45 Jahre alt.
Wie alt ist Letizia und wie alt ist ihr Vater?

2 a) Lukas und Maja vergleichen ihr gespartes Geld. Zusammen haben sie 27 Euro gespart.
Maja hat schon doppelt so viel Geld gespart wie Lukas.
Wie viel Geld hat jeder von ihnen?

Löse mit Hilfe einer Tabelle.

F: Wie viel Geld hat jeder von ihnen?

L: ·2

Lukas	Maja	zusammen
1	2	3 f

A:

b) Tom und Clea vergleichen ihr gespartes Geld. Zusammen haben sie 42 Euro.
Clea hat schon doppelt so viel Geld gespart wie Tom.
Wie viel Geld hat jeder von ihnen?

c) Die Geschwister David und Katja vergleichen ihr Alter.
Katja ist nur halb so alt wie David.
Zusammen sind sie 27 Jahre alt.
Wie alt ist David und wie alt ist Katja?

3 Erstelle eine passende Tabelle und löse.

a) Marco und Thomas sammeln Tierkarten. Nach 4 Wochen haben sie insgesamt 54 Karten. Marco hat 8 Karten mehr als Thomas. Wie viele Karten hat jeder Junge?

b) Selina und Nina falten gerne Papierflieger. Am Montag und Dienstag haben sie insgesamt 36 Flieger gefaltet. Dienstags falten sie nur halb so viele wie montags. Wie viele Flieger waren es am Dienstag?

c) Pia und Juan haben zusammen 69 Sammelkarten. Wenn Pia eine Sammelkarte an Juan gibt, hat sie doppelt so viele Karten wie Juan. Wie viele Sammelkarten hat jeder von ihnen?

1–3 Tabellen als Lösungshilfe kennenlernen und anwenden.

Mit Diagrammen arbeiten

1 Die Klasse 2 der Steinsberg-Grundschule erforscht die Haarfarben der Kinder.

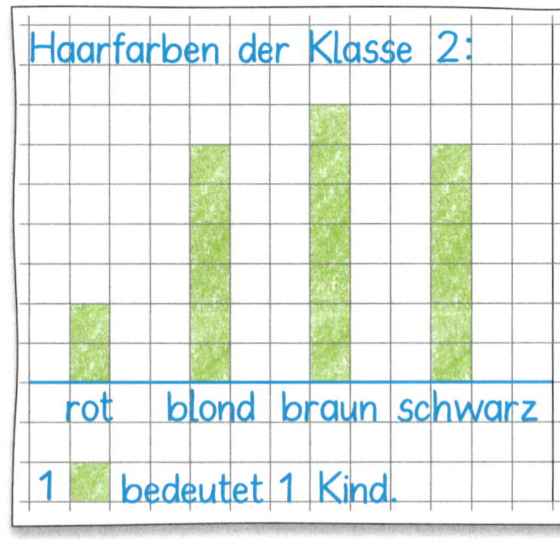

a) Wie viele Kinder haben rote (blonde, braune, schwarze) Haare?
b) Welche Haarfarben habt ihr? Baut Steckwürfeltürme und zeichnet ein Säulendiagramm.
c) Erstellt auch Säulendiagramme zu diesen Themen: Lieblingstiere, Lieblingshobbys, ...

2 Auch die Klassen 1, 3 und 4 haben ihre Haarfarben ermittelt.
Zeichne auch für sie Säulendiagramme.

Klasse 1:

Klasse 3:

rot	blond	braun	schwarz
|	𝍸 |||	𝍸 ||	𝍸 |||

Klasse 4:

rot	blond	braun	schwarz
0	8	10	5

3 Beantworte die Fragen zum Balkendiagramm. Eine Frage kann man nicht beantworten.

a) Wie viele Mädchen der 2. Klasse erhielten eine Urkunde?
b) Wie viele Jungen der 4. Klasse erhielten eine Urkunde?
c) In welcher Klasse bekamen die meisten Jungen eine Urkunde?
d) Wie viele Kinder sind in der 4. Klasse?
e) Wie viele Drittklässler bekamen eine Urkunde?
f) Wie viele Kinder der ganzen Grundschule bekamen eine Urkunde?

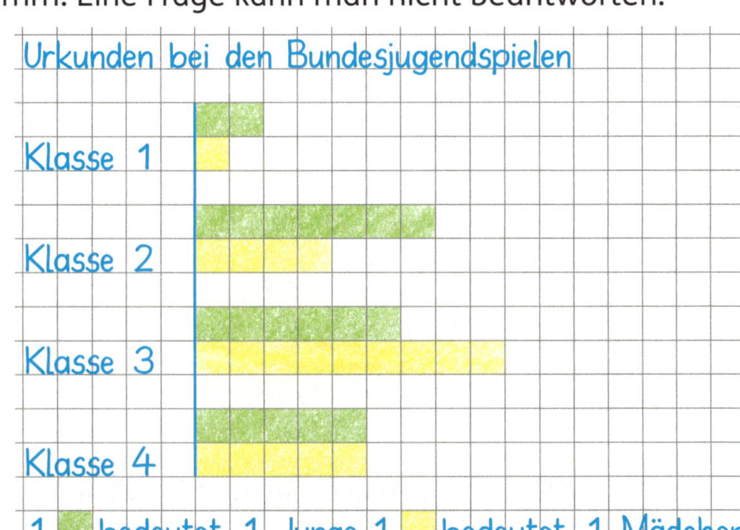

1 Säulendiagramm enaktiv durch Steckwürfeltürme erarbeiten. Diagramm zur Haarfarbe erstellen. **2** Säulendiagramme erstellen. **3** Aus einem komplexen Balkendiagramm Informationen entnehmen. Der Begriff „Balkendiagramm" wird verwendet, wenn die Streifen horizontal verlaufen.

AH 94

1 Die Klasse 2 der Steinsberg-Grundschule hat Tabellen erstellt:

Klassensteckbrief

Name	Alter	Größe	Augenfarbe	Lieblingstier
Alina	8	1 m 22 cm	braun	Pferd
Benjamin	7	1 m 18 cm	grün	Hund
Denise	8	1 m 29 cm	blau	Hund
Eric	9	1 m 32 cm	braun	Hase

Augenfarbe

blau	𝍸 |||
braun	𝍸 𝍸
grau	|||
grün		

a) Welche Daten kann man aus den Tabellen ablesen?
b) Wie groß ist Denise?
c) Wie viele Kinder der Klasse 2 haben braune Augen?
d) Welche Kinder haben als Lieblingstier einen Hund?
e) Stelle deinem Partner zu den Tabellen Fragen.

2 a) Sammelt Daten in eurer Klasse und erstellt daraus einen Klassensteckbrief.

Klassensteckbrief unserer Klasse:

Name	Alter	Größe	Augenfarbe	Lieblingstier

b) Nutze den Klassensteckbrief. Erstelle eine Tabelle zu den Augenfarben. Welche Augenfarbe kommt am häufigsten vor?
c) Zu welchen Daten aus dem Steckbrief kannst du noch Tabellen erstellen? Zeichne sie.

3 Ergebnisse der Mädchen der Klasse 2 bei den Bundesjugendspielen:

Denise
Sprung: 2 m 16 cm
Wurf: 18 m
Lauf: 12 Sekunden

Sarah
Sprung: 2 m 44 cm
Wurf: 17 m
Lauf: 13 Sekunden

Olga
Sprung: 1 m 90 cm
Wurf: 9 m
Lauf: 11 Sekunden

Elisa
Sprung: 2 m 10 cm
Wurf: 21 m
Lauf: 12 Sekunden

Alina
Sprung: 3 m 5 cm
Wurf: 22 m
Lauf: 10 Sekunden

Tabea
Sprung: 2 m 6 cm
Wurf: 12 m
Lauf: 12 Sekunden

Maria
Sprung: 2 m 25 cm
Wurf: 19 m
Lauf: 11 Sekunden

Ruken
Sprung: 2 m 38 cm
Wurf: 14 m
Lauf: 11 Sekunden

a) Erstelle eine Tabelle in der alle Ergebnisse zusammengefasst sind.
b) Erstelle auch eine Tabelle mit euren Sportergebnissen.

1 Häufigkeits- und Datenbanktabelle kennenlernen und daraus Daten entnehmen. **2** Selbst Daten erheben und in Tabellen darstellen. **3** Selbst Tabellen entwickeln.

AH 94

Adam Ries

1 Der Rechenmeister Adam Ries lebte von 1492 bis 1559.

Adam Ries benutzte zum Rechnen ein Rechenbrett oder ein Rechentuch mit Linien. Er legte Rechenpfennige auf die Linien und in die Zwischenräume.
Damit konnte er Zahlen legen.
Das sah dann so aus:

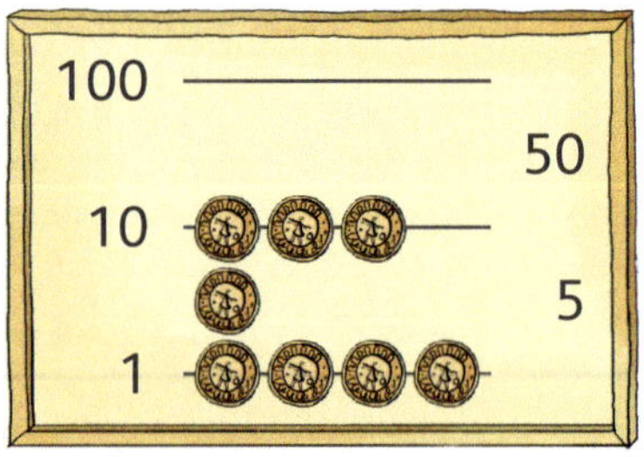

Rechne so: 30 + 5 + 4 = ▢

2 Welche Zahlen sind hier gelegt? Schreibe auf, wie sie zusammengesetzt werden.

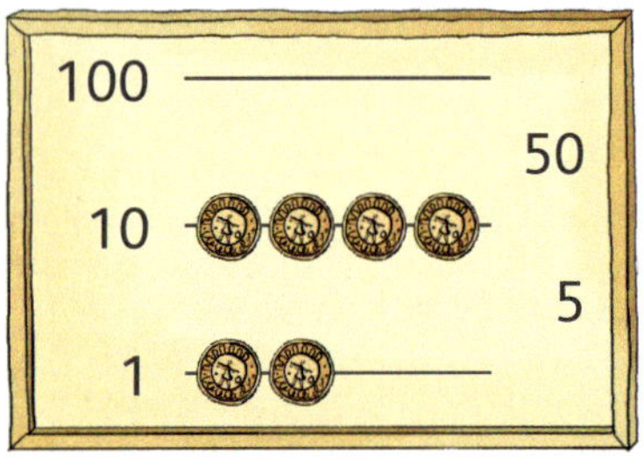

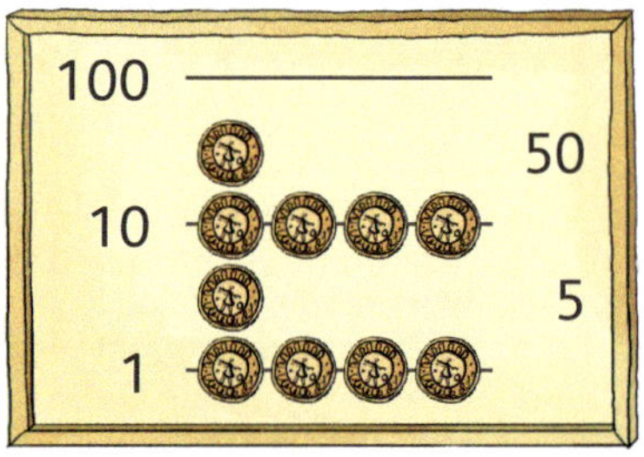

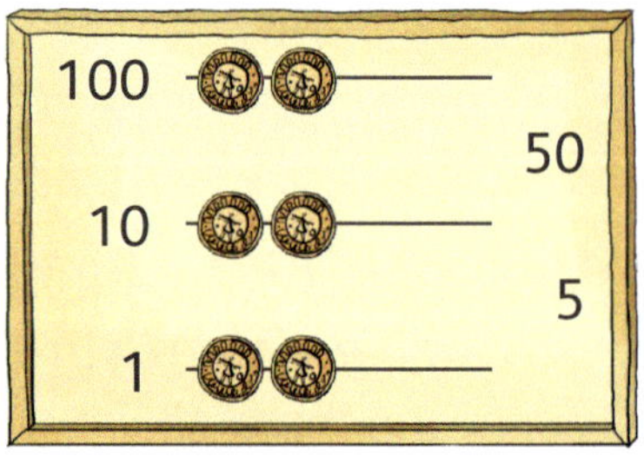

3 Zeichne selbst ein Rechenblatt. Verwende Plättchen als Rechenpfennige. Lege die Zahlen wie ein alter Rechenmeister.

9 14 30 46

60 77 81 95

111 126

258 349

4 a) Legt verschiedene Zahlen mit 3 Plättchen.
b) Findet alle Möglichkeiten.

1 Das Rechenbrett nach Adam Ries kennenlernen. **2–4** Zahlen auf dem Rechenbrett erfassen und legen. **4** Bei b) systematisch vorgehen: von der kleinsten zur größtmöglichen Zahl, die dargestellt werden kann.

1 Schon im 15. und 16. Jahrhundert war das Ausfüllen von Zauberquadraten eine beliebte Unterhaltung.
Adam Ries stellt in seinem 2. Rechenbuch eine Aufgabe zu diesem Zauberquadrat:

A

11		9
7	12	

Immer **24.**

B

5		
10		6
	4	

Immer **24.**

C

Immer **24.**

a) Löse die Quadrate **A** und **B**. Vergleiche sie miteinander.
b) Wenn du mit diesen Zahlen eine weitere Lösung im dritten Quadrat findest, hast du die Aufgabe von Adam Ries gelöst.

2 Bei Zauberquadraten gibt es noch mehr zu entdecken:

A

2		4
	1	8

Immer **15.**

Nimm jede Zahl mit 5 mal.

B

	1	2	
7			4
11		5	
0			3

Immer **30.**

Addiere zu jeder Zahl 5.

C

		12
18	11	

Immer **45.**

	16		17
18		15	
19			
	13	9	20

Immer **50.**

Subtrahiere von den Zahlen in den blauen Quadraten 5.

D

13		
		14
11		

Immer **30.**

	19	18	
13		11	
	14		12
20			17

Immer **50.**

Addiere zu jeder geraden Zahl 5.
Subtrahiere von jeder ungeraden Zahl 5.

1 Ziel ist die Erkenntnis, dass sich durch Vertauschen oder Verdrehen von Zeilen und Spalten neue Zauberquadrate bilden lassen. **2** Überprüfen, welche Gesetzmäßigkeiten vorhanden sind: Handelt es sich nach der Veränderung auch um Zauberquadrate? (KV)

Mathematik in der Kunst

1

Piet Mondrian, *Composition in Red, Blue and Yellow*, 1930

Dieses Bild hat der Künstler Piet Mondrian gemalt.

a) Beschreibe das Bild.

b) Welche Farben hat Mondrian verwendet?

c) Welche geometrischen Formen kannst du entdecken?

d) Zeige auf dem Bild:
- zueinander parallele Linien
- zueinander senkrechte Linien
- rechte Winkel.

e) Finde einen Namen für das Bild.

2 Die Bilder von Mondrian werden oft zur Gestaltung von Alltagsgegenständen benutzt.

a) Kannst du erklären warum?

b) Welche Alltagsgegenstände würdest du gestalten?

c) Zeichne Alltagsgegenstände und gestalte sie.

3 Gestalte nun selbst ein Bild wie Piet Mondrian.
Hier sind drei Möglichkeiten:

Nutze das Geodreieck.

Nutze Faltlinien.

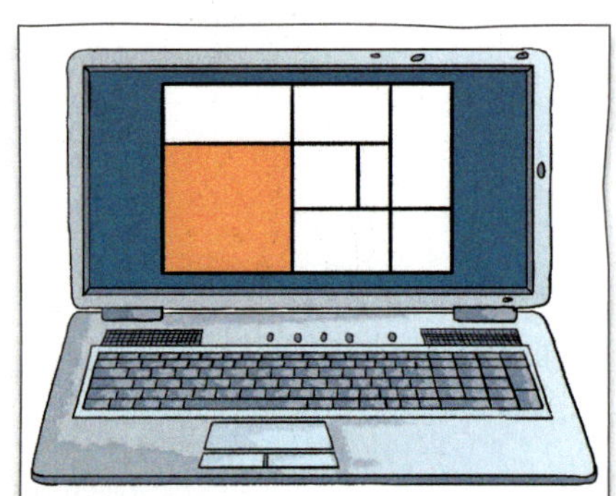

Nutze den Computer.

2 Aufgabe b) und c): KV nutzen. **3** Möglichkeit 2: Papier wie abgebildet falten, anschließend einige Linien mit Lineal und Bleistift nachziehen und entstandene Felder in rot, gelb, blau und schwarz ausmalen lassen.

1

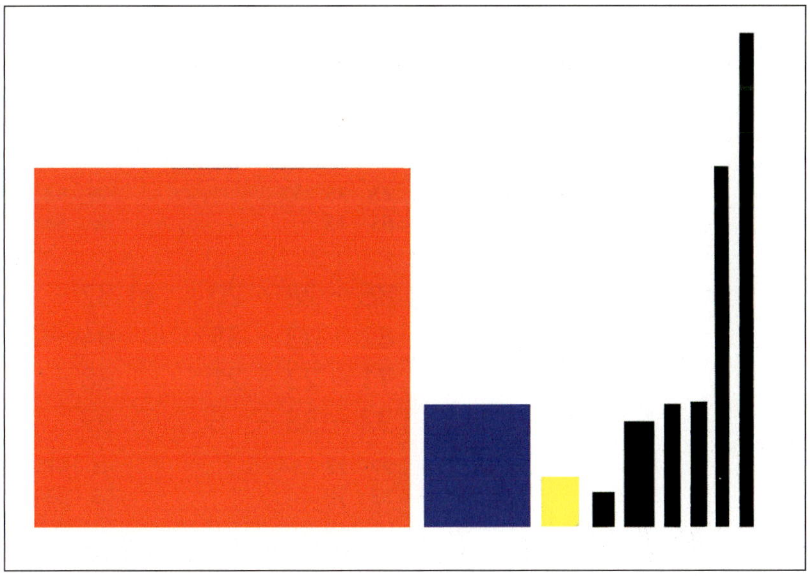

Ursus Wehrli, aus der Reihe „Vom Schlendrian zu Mondrian", 2002

Dieses Bild hat der Künstler Ursus Wehrli gestaltet.

a) Beschreibe das Bild.

b) Vergleiche das Bild mit dem von Mondrian.
Was stellst du fest?

c) Der Künstler Ursus Wehrli räumt gern Bilder anderer Künstler auf.
- Wie ist er vorgegangen?
- Wie würdest du vorgehen?

2 Dieses Bild hat auch der Künstler Ursus Wehrli gestaltet.

a) Erzähle zum Bild.

b) Was ist passiert?

c) Zähle die geometrischen Formen auf dem Bild.
Vergleiche mit dem Bild aus Aufgabe 1. Was fällt dir auf?

3 Nimm eines deiner selbst gestalteten Mondrian-Bilder.
Räume es auf.

1–2 KV nutzen. Mit Hilfe der KV können die Kinder Mondrians Bild selbst aufräumen oder aus den Formen ein eigenes Bild gestalten. **3** Eines der entstandenen Bilder von S. 132/3 nutzen

AH 95

1 110 111

a)	b)	c)	d)	e)
28 + 16	58 + 37	48 + 28	27 + 25 + 23	19 + 27 + 18
27 + 27	34 + 49	39 + 29	45 + 18 + 22	21 + 18 + 29
17 + 29	67 + 18	17 + 49	28 + 37 + 12	23 + 15 + 28
19 + 37	18 + 75	37 + 37	19 + 26 + 38	13 + 33 + 10
44 46 48 54 56	83 85 89 93 95	66 68 74 76 78	73 75 77 83 85	56 58 64 66 68

2 112 113

a)	b)	c)	d)	e)
42 − 14	62 − 27	82 − 23	86 − 28 − 20	82 − 11 − 26
33 − 17	55 − 16	93 − 44	82 − 13 − 35	94 − 29 − 16
52 − 26	71 − 26	76 − 28	71 − 23 − 21	88 − 14 − 19
45 − 18	74 − 37	95 − 39	92 − 58 − 6	97 − 12 − 26
16 17 26 27 28	35 37 39 45 47	46 48 49 56 59	27 28 34 37 38	45 47 49 55 59

3 114

a)	b)	c)	d)
■ + 16 = 54	22 ■ 15 = 37	■ − 25 = 23	5■ ■ 37 = 90
45 − ■ = 11	54 − ■ = 28	59 ■ 17 = 76	65 ■ ■9 = 36
■ + 28 = 56	62 ■ 5 = 57	99 − ■ = 57	18 ■ ■ = 79
■ − 45 = 46	19 + ■ = 54	51 ■ 33 = 18	3■ ■ 17 = 17

4 122 123

a)	b)	c)	d)	e)
8 : 3	6 : 4	8 : 5	9 : 6	17 : 9
10 : 3	10 : 4	12 : 5	12 : 6	24 : 9
13 : 3	12 : 4	16 : 5	15 : 6	30 : 9
16 : 3	17 : 4	20 : 5	19 : 6	36 : 9
21 : 3	19 : 4	23 : 5	26 : 6	51 : 9

5 122 123

a) Jonas hat 38 Würfel.
Wie viele Sechsertürme kann er bauen?
Wie viele Würfel bleiben übrig?

b) Lukas verteilt 25 Plättchen auf 7 Teller.
Wie viele Plättchen liegen auf jedem Teller?
Wie viele Plättchen bleiben übrig?

c) Nina hat 26 Würfel.
Welche Türme kann sie bauen, wenn am Ende genau 2 Würfel übrig bleiben sollen?

d) Mathis hat 35 Plättchen. Auf wie viele Teller kann er die Plättchen verteilen, wenn genau 3 Plättchen übrig bleiben sollen?

6 121

a)

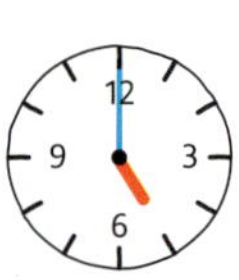 ▢ h ▢ min → 

 ▢ h ▢ min → 

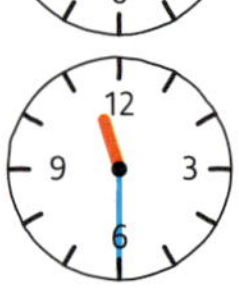 ▢ h ▢ min → 

b)
10.00 Uhr —▢ h ▢ min→ 18.30 Uhr
7.30 Uhr —▢ h ▢ min→ 14.00 Uhr
18.00 Uhr —▢ h ▢ min→ 23.00 Uhr
9.45 Uhr —▢ h ▢ min→ 13.15 Uhr
17.30 Uhr —▢ h ▢ min→ 0.30 Uhr

1–6 Wiederholung des aktuellen Stoffes.

1 71 72

a)	b)	c)	d)	e)	f)
1 • 5	3 • 5	15 : 5	1 • 2	3 • 2	6 : 2
2 • 5	8 • 5	5 : 5	2 • 2	8 • 2	14 : 2
5 • 5	4 • 5	35 : 5	5 • 2	4 • 2	20 : 2
10 • 5	9 • 5	10 : 5	10 • 2	9 • 2	4 : 2
0 • 5	6 • 5	45 : 5	0 • 2	6 • 2	16 : 2

2 84 85

a)	b)	c)	d)	e)	f)
1 • 4	3 • 4	12 : 4	1 • 8	3 • 8	16 : 8
2 • 4	8 • 4	4 : 4	2 • 8	8 • 8	40 : 8
5 • 4	4 • 4	28 : 4	5 • 8	4 • 8	72 : 8
10 • 4	9 • 4	40 : 4	10 • 8	9 • 8	56 : 8
0 • 4	6 • 4	32 : 4	0 • 8	6 • 8	48 : 8

3 87 88

a)	b)	c)	d)	e)	f)
1 • 3	3 • 3	27 : 3	1 • 6	3 • 6	30 : 6
2 • 3	8 • 3	18 : 3	2 • 6	8 • 6	42 : 6
5 • 3	4 • 3	3 : 3	5 • 6	4 • 6	54 : 6
10 • 3	9 • 3	21 : 3	10 • 6	9 • 6	12 : 6
0 • 3	6 • 3	6 : 3	0 • 6	6 • 6	48 : 6

4 89 90

a)	b)	c)	d)	e)	f)
1 • 9	3 • 9	90 : 9	1 • 7	3 • 7	14 : 7
2 • 9	8 • 9	18 : 9	2 • 7	8 • 7	63 : 7
5 • 9	4 • 9	63 : 9	5 • 7	4 • 7	28 : 7
10 • 9	9 • 9	81 : 9	10 • 7	9 • 7	49 : 7
0 • 9	6 • 9	54 : 9	0 • 7	6 • 7	35 : 7

5 Aus welchen geometrischen Körpern bestehen die Gebäude? Wie viele sind es jeweils?

94 a)

b)

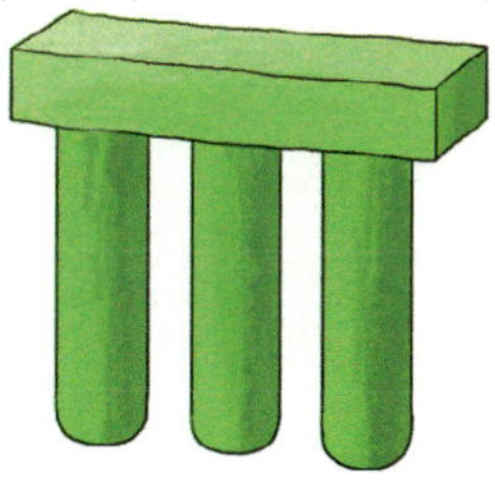

c)

6 Frage, löse und antworte.

93

a) Ivan kauft sich eine Brezel und einen Saft.
Wie viel muss er bezahlen?

b) Jule kauft eine Grillwurst und eine Limonade.
Wie viel muss sie bezahlen?

c) Simon kauft Pommes Frites und ein Mineralwasser.
Er bezahlt mit 3 Euro.
Wie viel Geld bekommt er zurück?

d) Lisann kauft 2 Brezeln und eine Schorle.
Sie bezahlt mit 4 Euro.
Wie viel Geld bekommt sie zurück?

SCHULFEST

Essen:

Brezel	80 ct
Grillwurst	3 € 20 ct
Pommes Frites	1 € 80 ct

Trinken:

Mineralwasser	1 €
Limonade	2 €
Saft, Schorle	2 € 20 ct

1–6 Sicherung des Basiswissens.

Zahlen

Zahlen bis 100

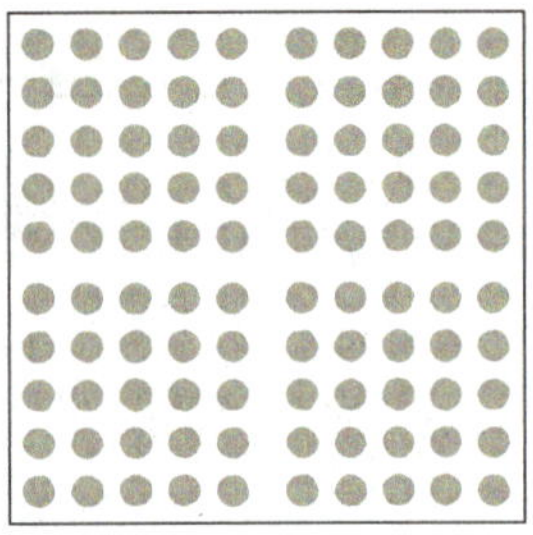
Hunderter

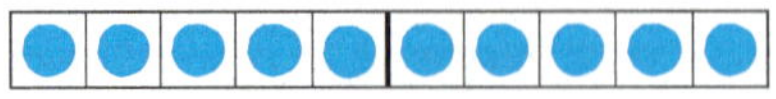
Zehner

Einer

Z	E
7	3

dreiundsiebzig

Rechnen

Addition (addieren)

21	+	46	=	67
1. Summand		2. Summand		Summe

37 + 24

37 + 24 = 61
37 + 20 = 57
57 + 4 = 61

37 + 24 = 61
30 + 20 = 50
7 + 4 = 11

Subtraktion (subtrahieren)

67	−	46	=	21
Minuend		Subtrahend		Differenz

43 − 27

43 − 27 = 16
43 − 20 = 23
23 − 7 = 16

43 − 27 = 16
43 − 7 = 36
36 − 20 = 16

Multiplikation (multiplizieren)

3	·	6	=	18
1. Faktor		2. Faktor		Produkt

Tauschaufgaben

8 · 4 = 32
4 · 8 = 32

Umkehraufgaben

21 : 3 = 7
7 · 3 = 21

Division (dividieren)

18 : 3 = 6

Kernaufgaben zuerst:

5 · 7 = 35
6 · 7 = 42

Kernaufgaben nutzen:

5 · 8 = 40
2 · 8 = 16
7 · 8 = 56

Größen

Geld	Cent	ct		
	Euro	€	1 € = 100 ct	4,75 € = 4 € 75 ct

Länge

Meter	m	1 m = 100 cm
Zentimeter	cm	1 cm = 10 mm
Millimeter	mm	

Zeit

Tag		1 Tag hat 24 Stunden.
Stunde	h	1 h = 60 min
Minute	min	

Geometrie

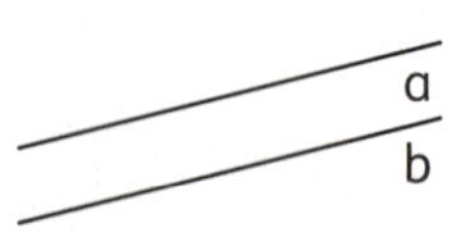

Die Geraden sind zueinander parallel.

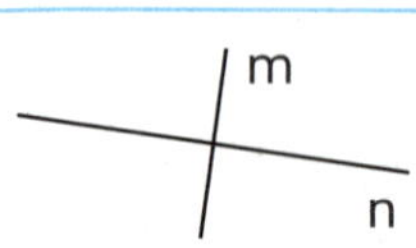

Die Geraden sind zueinander senkrecht.

Viereck mit 4 rechten Winkeln

Rechteck mit 4 gleich langen Seiten

Kreis

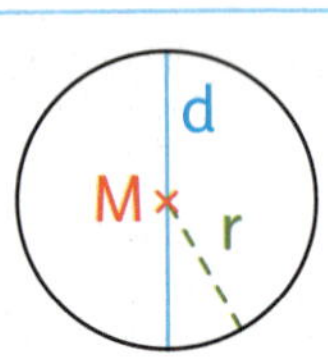

Mittelpunkt M
Durchmesser d
Radius r

Quader Würfel

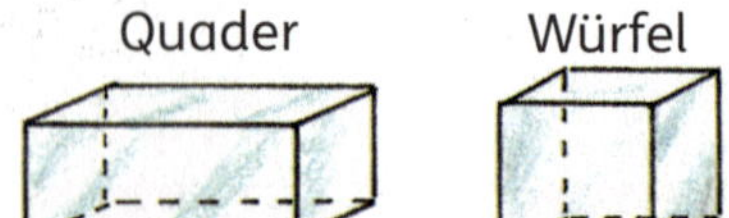
6 Flächen, 8 Ecken, 12 Kanten

Kugel